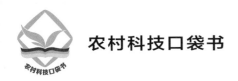

农村科技口袋书

# 林业特色资源培育及高效利用新技术

中国农村技术开发中心 编著

中国农业科学技术出版社

图书在版编目（CIP）数据

林业特色资源培育及高效利用新技术 / 中国农村技术开发中心编著 . -- 北京：中国农业科学技术出版社，2022.4

ISBN 978-7-5116-5708-4

Ⅰ . ①林… Ⅱ . ①中… Ⅲ . ①林业资源 – 资源管理 – 研究 – 中国 Ⅳ . ① S78

中国版本图书馆 CIP 数据核字（2022）第 036604 号

责任编辑　史咏竹
责任校对　李向荣
责任印制　姜义伟　王思文

出 版 者　中国农业科学技术出版社
　　　　　北京市中关村南大街 12 号　邮编：100081
电　　话　（010）82105169（编辑室）
　　　　　（010）82109702（发行部）
　　　　　（010）82109709（读者服务部）
传　　真　（010）82105169
网　　址　http：//www.castp.cn
经　　销　各地新华书店
印　　刷　北京地大彩印有限公司
开　　本　145mm×210mm　1/32
印　　张　4.25
字　　数　110 千字
版　　次　2022 年 4 月第 1 版　2022 年 4 月第 1 次印刷
定　　价　19.80 元

# 《林业特色资源培育及高效利用新技术》

## 编著委员会

主　　任：邓小明

副 主 任：卢兵友　储富祥　刘军利

成　　员：（按姓氏笔画排序）

　　　　　王振忠　刘玉鹏　董　文　鲁　淼　童　冉


主　　编：董　文　刘军利

副 主 编：刘玉鹏　王振忠　鲁　淼

编写人员：（按姓氏笔画排序）

| | | | | | |
|---|---|---|---|---|---|
| 王　莉 | 王　璐 | 王义强 | 王成章 | 王宗德 | 乌云塔娜 |
| 申亚梅 | 付玉杰 | 毕良武 | 朱　凯 | 刘均利 | 苏二正 |
| 杜庆鑫 | 杜红岩 | 李　卫 | 李　钦 | 李　梅 | 杨子祥 |
| 杨艳芳 | 肖志红 | 吴春华 | 宋国强 | 张　弘 | 张　猛 |
| 张　琳 | 张燕平 | 陆顺忠 | 陈　颖 | 陈玉湘 | 陈尚钘 |
| 陈益存 | 纵　伟 | 郁万文 | 罗　海 | 金朱明 | 赵林果 |
| 赵春建 | 赵修华 | 洪　滔 | 聂小安 | 徐　徐 | 高锦明 |
| 黄晓华 | 曹　庸 | 颉二旺 | 董娟娥 | 蒋建新 | 焦　骄 |
| 曾艳玲 | 谭晓风 | | | | |

# 前 言

"十三五"国家重点研发计划"林业资源培育及高效利用技术创新"重点专项（以下简称林业专项）是农业领域首批启动的重点专项之一。林业专项紧紧围绕我国当前林业资源培育和利用所面临的重大战略需求，以提高人工林生产力和资源加工利用水平为目标，按照主要人工林高效培育和加工利用基础研究、关键技术研究和集成示范"全链条设计、一体化实施"的思路，布局项目 26 个，投入总经费 8.32 亿元。

其中，林业特色资源培育与高效利用领域部署了"人工林非木质林产资源高质化利用技术创新""人工林非木质资源全产业链增值增效技术集成与示范""主要工业原料林高效培育与利用技术研究""工业原料林高效培育和增值加工技术集成与示范"等项目。

"十三五"收官之际，为将已经获得第三方成果评价和新产品鉴定的最新科技成果及时向社会发布，支撑行业发展和地方需求，助力国家乡村振兴战略实施，中国农村技术开发中心组织林业专项总体专家组、中国林业科学研究院林产化工研究所、南京林业大学、国家林业和草原局泡桐研究开发中心等相关项目牵头单位，在各主要成果完成人的大力配合下，从特色资源品种、培育到深加工全产业链角度，按照特色资源良种、特色资源高效培育技术、特色资源加工利用技术 3 篇，优选出林业特色资源乡村振兴新技术、新产品、新装置和良种等 51 项成果。希望这些成果能够对我国林业特色资源产业提质增效、优质绿色产品供给、乡村产业振兴提供有效科技支撑。

编著者

2022 年 1 月

# 目 录

CONTENTS

## 第一篇 特色资源良种

## 第二篇 特色资源高效培育技术

## 第三篇　特色资源加工利用技术

# 第一篇
## 特色资源良种

# 第一章　杜仲良种

## '华仲 27 号' 杜仲

### 良种目标

　　杜仲雄花是我国十分重要的药用花粉资源，杜仲雄花中氨基酸含量达 20% 以上，以杜仲雄花为原料开发出的杜仲雄花茶、杜仲雄花茶饮料、杜仲雄花酒等产品，为杜仲花粉资源利用产业注入了新的活力和广阔的开发前景。但是，目前市场上尚缺乏雄花用杜仲良种，原料产量低、质量参差不齐，这已成为限制杜仲雄花综合开发利用和产业发展的突出问题。因此，培育雄花用杜仲良种的工作势在必行。

### 良种特征与指标

　　'华仲 27 号' 杜仲萌芽力强，成枝力强。芽圆形，2 月下旬萌动。叶片绿色，椭圆形。'华仲 27 号' 杜仲开花较早，开花稳定性好，雄花产量、活性成分含量高。嫁接苗或高接换优后 2～3 年开花，

'华仲 27 号' 杜仲丰产园（春季花期）

'华仲 27 号' 杜仲单株开花情况

4～5年进入盛花期，雄花量大，雄花序直径20.01毫米，雄花序高度21.18毫米，单芽雄蕊数112枚，盛花期每亩可产鲜雄花290～420千克。雄花氨基酸平均含量为20.9%，加工的雄花茶质量好。

**推广应用适生区与前景**

该成果已经进行了转化，与商丘市卓森园林绿化有限公司签订了良种使用授权协议。'华仲27号'杜仲适应性强，对土壤的酸碱度要求不严，在杜仲适生区均可栽培。

---

成果来源："工业原料林高效培育和增值加工技术集成与示范"项目

联系单位：国家林业和草原局泡桐研究开发中心

通信地址：河南省郑州市金水区纬五路3号

邮　　编：450003

联 系 人：杜庆鑫

电　　话：15238396809

更多信息参见 http://paulownia.caf.ac.cn/kytd/dztd.htm

---

# '华仲 30 号' 杜仲

## 良种目标

杜仲是我国特有的优质天然橡胶资源，其果、皮、叶均可提取杜仲橡胶，其中，果皮中杜仲橡胶含量最高，为杜仲叶的 5～6 倍；另外，杜仲籽油富含 α- 亚麻酸，含量高达 67.6%，为目前发现的 α- 亚麻酸含量最高的植物之一。目前，我国果用杜仲良种储备不足，给我国杜仲产业的健康可持续发展带来了严重隐患。因此，加强高产杜仲橡胶和高产 α- 亚麻酸良种培育技术的研究迫在眉睫。

## 良种特征与指标

'华仲 30 号' 杜仲萌芽力强，成枝力中等。芽长圆锥形，3 月上中旬萌动；叶片绿色，卵圆形。果实椭圆形，果实长 3.48～3.92 厘米，宽 1.27～1.36 厘米；种仁长 1.29～1.62 厘米，宽 0.28～0.35 厘米，成熟果实千粒质量 94.1 克。果皮杜仲橡胶含量 20.19%，种仁粗脂肪中亚麻酸含量 67.07%。果实 9 月中旬至 10 月上旬成熟。'华仲 30 号' 杜仲结果早，结果稳定性好，高产稳产。嫁接苗或高接换雌后 2～3 年开花，4～6 年进入盛果期，盛果期每亩年产果量达 175～230 千克。适于建立高产亚麻酸油、杜仲橡胶果园。

‘华仲30号’杜仲丰产园　　　‘华仲30号’杜仲结果枝组

**推广应用适生区与前景**

该成果已经进行了转化，与商丘市卓森园林绿化有限公司签订了良种使用授权协议。‘华仲30号’杜仲适应性强，对土壤的酸碱度要求不严，在杜仲适生区均可栽培。

---

成果来源："工业原料林高效培育和增值加工技术集成与示范"项目
联系单位：国家林业和草原局泡桐研究开发中心
通信地址：河南省郑州市金水区纬五路3号
邮　　编：450003
联 系 人：杜庆鑫
电　　话：15238396809
更多信息参见 http://paulownia.caf.ac.cn/kytd/dztd.htm

# 第二章　油桐良种

## '华桐1号'油桐

### 良种目标

2007年从湖南省湘西土家族苗族自治州永顺县的油桐实生林分中选出，2008年在永顺县青坪镇建立国家油桐种质资源库，实生播种保存该家系，2011年调查家系中各单株生长量、产量、抗性等，筛选出优株。2012年播种优株种子，采用随机区组，三株小区，4次重复，建立子代评比试验林，其中'华桐1号'10亩<sup>①</sup>。自2015年开始观测，该家系表现出高产、稳产。2013年引种至湖南省慈利县、绥宁县、平江县，2016年引种至湖南省常德市、耒阳市。

### 良种特征与指标

'华桐1号'，原名'P005-1'，亲本选自永顺县国家油桐种质资源库实生油桐林分优良单株。主要特性：小米桐品种群；主干和分枝分层明显，扁球形果，果柄长；平均单果重70.60克；4月上旬开花，10月下旬果实成熟；果实丛生性强，丰产稳产，抗性强，平均亩产鲜果970.92千克。品质优良，工业用优质干性油。鲜果出籽率37.62%，干种仁含油率53.28%，选样检测结果：酸值0.8075毫克/克，碘值158.2克/100克，皂化值165.7毫克/克，折光指数1.521，各类脂肪酸占比为α-桐酸79.04%、β-桐酸2.92%、棕榈酸2.86%、硬脂酸2.50%、油酸5.25%、亚油酸6.71%、亚麻酸0.73%。

---

① 1亩≈667米<sup>2</sup>，15亩=1公顷，全书同。

4 年生'华桐 1 号'油桐结果情况（左）、果序（右）

**推广应用适生区与前景**

该良种在永顺县青坪镇实生造林 10 亩，湖南慈利县阳和乡杨家坪村实生造林 70 亩，绥宁县关峡乡插柳村实生造林 20 亩，平江县实生造林 30 亩，永州冷水滩咏龙公司油桐基地 15 亩。已推广 3 年，每年可提供繁殖种子约 23.2 吨（约 696 万颗）。

湖南是油桐的中心产区，该良种适宜于湖南地区种植。气候条件：年平均气温 16 ～ 18℃，极端最低气温 –10℃以上；年降水量在 900 ～ 1300 毫米。土壤条件：富含腐殖质、土层深厚、土质疏松、排水良好、中性至微酸性砂质壤土最为适宜。

成果来源："工业原料林高效培育和增值加工技术集成与示范"项目
联系单位：中南林业科技大学
通信地址：湖南省长沙市韶山南路 498 号
邮　　编：410004
联系人：谭晓风
电　　话：13755185761
更多信息参见 https://kjc.csuft.edu.cn/kycg/cgjj/

# '华桐 2 号'油桐

## 良种目标

2007 年从湖南省湘西土家族苗族自治州永顺县的油桐实生林分中选出，2008 年在永顺县青坪镇建立国家油桐种质资源库，实生播种保存该家系，2011 年调查家系中各单株生长量、产量、抗性等，筛选出优株。2012 年播种优株种子，采用随机区组，三株小区，4 次重复，建立子代评比试验林，其中'华桐 2 号'15 亩。自 2015 年开始观测，该家系表现稳定。2013 年引种至湖南慈利县、绥宁县、平江县，2016 年引种至湖南常德市、耒阳市。

## 良种特征与指标

'华桐 2 号'，原名'P007-1'，亲本选自永顺县国家油桐种质资源库实生油桐林分优良单株。主要特性：小米桐品种群；树体较矮，分枝分层明显，扁球形果；平均单果重 68.59 克；4 月上旬开花，10 月中旬果实成熟；果实丛生性较强，丰产稳产，抗性强，平均亩产鲜果 920.70 千克。工业用优质干性油。选样检测结果：酸值 0.812 毫克 / 克，碘值 156.1 克 /100 克，皂化值 174.95 毫克 / 克，折光指数 1.520，各类脂肪酸占比为 α- 桐酸 77.00%、β- 桐酸 5.20%、棕榈酸 2.66%、硬脂酸 2.66%、油酸 5.43%、亚油酸 6.47%、亚麻酸 0.59%。

4 年生'华桐 2 号'油桐结果情况（左）与果序（右）

## 推广应用适生区与前景

永顺县青坪镇实生造林 15 亩，湖南慈利县阳和乡杨家坪村实生造林 20 亩，绥宁县关峡乡插柳村实生造林 15 亩，平江县实生造林 20 亩，永州冷水滩咏龙公司油桐基地 15 亩。已推广 3 年，每年可提供繁殖种子约 13.6 吨（约 408 万颗）。

湖南是油桐的中心产区，该家系适宜于湖南地区种植。气候条件：年平均气温 16～18℃，极端最低气温 -10℃以上。年降水量在 900～1300 毫米。土壤条件：富含腐殖质、土层深厚、土质疏松、排水良好、中性至微酸性砂质壤土最为适宜。

成果来源："工业原料林高效培育和增值加工技术集成与示范"项目
联系单位：中南林业科技大学
通信地址：湖南省长沙市韶山南路 498 号
邮　　编：410004
联 系 人：谭晓风
电　　话：13755185761
更多信息参见 https://kjc.csuft.edu.cn/kycg/cgjj/

第二篇
特色资源高效培育技术

# 第三章　药用资源高效培育技术

## 银杏截干复幼技术

### 技术目标

　　银杏叶中有效成分含量具有年龄效应，即随着银杏树龄增加，叶中有效成分含量会逐渐下降，同时由于银杏树高不断增加，收获叶片及树体管理措施难以实施。同时发现从银杏植株基部萌发出的枝条叶片中有效成分含量较高，并且重剪后切口萌发的枝条叶片有效成分含量显著增加。整形修剪可显著影响银杏的生长、干质量、叶产量和有效成分含量。因此，适当的整形修剪至关重要。同时，截干可以使树体矮化、增加分枝数来达到叶片幼化目的。

### 主要特征与技术指标

　　在突破叶用银杏整形修剪关键技术的基础上，创新集成出增产提质的叶用银杏最优的修剪整形方式及截干幼化操作实施规程，具体如下：在每年 1 月中旬对银杏苗木进行距地不同高度的截干处理，要求切口平滑，减少创伤口面积，切口与水平线倾斜 12°～18°。树木截干后，需对创口进行喷漆处理，保持创口清洁。定期浇水、施肥、中耕除草、病虫害防治。第一年截干处理采收完成后，隔年 1 月中旬对截干苗木再次截干，在丛生株里选取 3～5 个主干，距第一次截干部位向上 8～12 厘米再次截干，操作方法和后期栽培管理如上。此后，每年都在 1 月中旬对银杏树体进行截干处理，高度控制在上一年树体高度的基础上，后期栽培管理同上保持一致。

　　截干处理有效提高了叶中类黄酮和萜内酯含量，其中总黄酮醇苷提高近 20%，萜内酯含量增幅 30% 左右。此外，截干处理后可显著促进银杏主干上不定芽的形成，产生大量新枝，新生枝条上的叶片大小、厚度、鲜重、干重等显著增加，叶片呈现出幼态特征。由于截干后树体体积减小，每公顷种植的数量可提高 20%，按常规种植密度计算，截干后每公顷银杏叶产量比未截干组高 20% 以上，极大地增加了每公顷银杏的叶产量。引入手持式银杏叶采摘装置——采叶器，截干矮化 + 采叶器模式的采收成本减少 80%，采收效率提高 4 倍。

| 10 厘米 | 35 厘米 | 60 厘米 | 85 厘米 | 110 厘米 |

银杏大苗不同高度截干处理

### 推广应用适生区与前景

　　已在江苏省徐州市邳州市建立了专用叶用银杏种植基地，推广实施截干复幼技术 800 亩。银杏截干复幼技术的应用解决了叶用银杏产业中大苗叶片质量显著下降的问题，通过截干技术恢复植株幼态特征，并有效提高叶片的有效成分含量和产量，为实现叶用银杏产业的可持续性发展提供了技术保障。该技术已在全国许多省（区、市）推广实施，包括贵州、浙江、湖北等地，具有非常高的应用前景。

银杏大苗截干后的植株生长情况　　　银杏截干复幼技术的推广实施

**成果来源:**"主要工业原料林高效培育与利用技术研究"项目

**联系单位:** 扬州大学

**通信地址:** 江苏省扬州市邗江区四望亭路180号

**邮　　编:** 225009

**联 系 人:** 王莉

**电　　话:** 0514-87979395

# 外种皮用银杏优质增产技术

## 技术目标

银杏外种皮含有银杏酸、黄酮和多糖等主要有效成分。银杏酸能有效防治多种病虫害，具有高效、低毒、低残留的特点，是发展有机农业、促进农业可持续发展的理想生物农药。我国长期注重核用银杏的栽培生产，对外种皮用银杏优质栽培技术缺乏深入、系统研究，导致银杏外种皮生物源农药及相关产品原料成本增加，阻碍了我国银杏产业的综合、高效、持续发展。

## 主要特征与技术指标

该成果包含了银杏外种皮优质增产素配方、增产素施用方法、品种选择、人工辅助授粉和抚育管理等关键技术。研制出了银杏外种皮优质增产素，其最佳有效经济产量配方为：300毫克/升NAA + 100毫克/升6-BA + 200毫克/升SA；确定了优质增产素施用方法，采取兑水喷施，喷施时间在6月（银杏授粉后60～80天）；组装了品种选择、人工辅助授粉和抚育管理等配套技术措施。银杏试验示范林每亩银杏干外种皮产量达321.42千克，比对照提高50%；银杏酸含量7.73%，比对照提高38%；有效经济产量为24.85千克，比对照提高106%。

## 推广应用适生区与前景

目前已在湖南省永州市东安县和江苏省徐州市邳州市建立外种皮用银杏试验示范基地 600 亩，进行了银杏外种皮优质增产技术推广试验，极大提高了银杏外种皮的有效经济产量。该技术适宜在我国银杏适生栽培区进行推广应用。关键技术产品——银杏外种皮优质增产素的配方药品价格低廉，实施操作简单，喷施效率高，能显著提高有效成分银杏酸的有效经济产量，具有良好的市场应用前景。

**成果来源：**"主要工业原料林高效培育与利用技术研究"项目

**联系单位：**中南林业科技大学

**通信地址：**湖南省长沙市韶山南路 498 号

**邮　　编：**410004

**联 系 人：**王义强

**电　　话：**13973110686

更多信息参见 https://kjc.csuft.edu.cn/kycg/cgjj/

# 杜仲良种嫩枝扦插繁育技术

## 技术目标

　　杜仲（*Eucommia ulmoides* Oliver）是我国特有的国家战略储备资源，既是十分重要的优质天然橡胶资源，又是重要的木本油料、名贵中药和国家储备林树种。我国现有杜仲资源90%左右为实生林，良种普及率低，繁育技术落后等问题严重制约了我国杜仲产业的健康快速发展。针对杜仲成熟效应明显、大树嫩枝扦插生根难的技术难题，围绕增产、省力、提质、增效等目标，系统研究了杜仲良种嫩枝扦插不定根形成机理，为进一步研究杜仲嫩枝扦插不定根发育机制及调控技术提供理论依据；发明了杜仲良种嫩枝扦插的生根剂和扦插基质配方，创新了杜仲良种嫩枝扦插繁育技术。

## 主要特征与技术指标

　　确定了杜仲不定根是由形成层外的薄壁细胞诱导分化形成，属于皮部诱导生根型。探索了生根过程中不同时期内源激素、氧化酶、营养物质等指标的动态变化规律及作用，为进一步研究杜仲嫩枝扦插不定根发育机制及调控技术提供理论依据。研制出杜仲良种扦插专用基质和专用生根剂，杜仲良种嫩枝扦插生根率由51.6%提高到90%以上。

杜仲良种扦插繁育基地　　　　　杜仲良种扦插试验及生根效果

**推广应用适生区与前景**

　　杜仲良种嫩枝扦插繁育技术缩短了良种苗木繁育周期，降低了繁育成本，有效缓解了杜仲产业对优质苗木的需求，为我国杜仲产业良种苗木供应及整个杜仲产业的快速发展提供了技术保障。该技术可在所有杜仲适生区内的杜仲产业基地进行推广应用。杜仲良种是杜仲产业发展的基础和保障，所以该技术拥有良好的应用前景。

**成果来源：**"主要工业原料林高效培育与利用技术研究"项目

**联系单位：**国家林业和草原局泡桐研究开发中心

**通信地址：**河南省郑州市金水区纬五路 3 号

**邮　　编：**450003

**联系人：**王璐

**电　　话：**13674984898

更多信息参见 http://paulownia.caf.ac.cn/kytd/dztd.htm

# 杜仲良种规模化嫁接繁育技术

## 技术目标

杜仲良种在杜仲全产业链中具有举足轻重的作用，但是目前杜仲良种普及率低，良种繁育技术滞后已经成为制约我国杜仲产业化利用最突出的瓶颈问题之一。针对杜仲砧木苗繁育过程中存在的播种效率低、出苗和生长不整齐、成本高、嫁接技术碎片化等突出问题，突破杜仲自动化、机械化播种以及规模化嫁接繁育技术，构建杜仲良种苗木规模化嫁接繁育技术体系。

## 主要特征与技术指标

首次开展了杜仲自动化机械化播种技术，开发了排种技术、种子输送技术、开沟技术，实现了杜仲全自动化播种，机械化播种速度是人工播种的 1000 倍以上，播种成本降低 77.7%，场圃发芽率提高 120%；创新了杜仲规模化嫁接繁育技术，集成嫁接时间、嫁接方法、接芽包扎方法优化、大规模接穗采集运输与保鲜冷藏、剪砧、抹芽及水肥调控等技术，规模化嫁接成活率达 96% 以上；创新了杜仲苗穗联合高效培育技术，在 5 月下旬至 6 月上旬，当嫁接苗高达 1.0 ～ 1.2 米时，将嫁接苗梢部剪掉 20 厘米左右进行打顶，7 ～ 10 天剪口以下会萌发 3 ～ 5 个萌芽，萌芽迅速抽梢生长，8 月上中旬以后可采集新梢接芽进行嫁接。

杜仲自动化机械化播种（左）及出苗（右）情况

杜仲良种规模化嫁接繁育示范基地

**推广应用适生区与前景**

　　该技术已经在安徽、河南等地进行了推广应用，建立杜仲良种规模化嫁接繁育基地 8700 亩，推广应用 1.3 万亩，繁育良种苗木1.02 亿株，支撑了全国杜仲产业种植基地建设 90% 以上杜仲良种苗木的供应，为我国杜仲良种规模化、产业化繁育提供了强力技术支撑，经济效益与社会效益显著。由于本项技术大幅度提高了播种效率和场圃发芽率，显著降低了育苗成本，规模化嫁接取得显著效果，产业化开发与市场前景十分广阔。

**成果来源：** "工业原料林高效培育和增值加工技术集成与示范"项目

**联系单位：** 国家林业和草原局泡桐研究开发中心

**通信地址：** 河南省郑州市金水区纬五路 3 号

**邮　　编：** 450003

**联 系 人：** 杜红岩

**电　　话：** 13607668138

更多信息参见 http://paulownia.caf.ac.cn/kytd/dztd.htm

# 喜树高效培育技术

## 技术目标

　　喜树各器官组织中均富含抗癌活性物质喜树碱 (Camptothecin, CPT)，其衍生物在治疗结肠癌和头颈部癌等方面表现出优异的疗效。因此，市场对喜树碱的需求不断增长，同时对喜树苗的需求也逐渐增多。研究喜树施肥、繁殖以及高效采收技术，对于提高喜树碱产量具有重要意义。

## 主要特征与技术指标

　　（1）组培关键技术。获得了喜树愈伤组织诱导最适激素配方：WPM + TDZ 1 毫克 / 升 + NAA 2 毫克 / 升 + 6–BA 0.1 毫克 / 升，抑制愈伤组织发红而导致分化低的问题。

　　（2）栽培促产技术。筛选出铵态氮 ($NH_4^+$–N)∶硝态氮 ($NO_3^-$–N)= 30∶70 处理最利于喜树碱合成积累，在处理 30 天左右获得最高喜树碱含量，单位面积产量提升了 50% 以上；从栽培立地条件角度，得出坡度在 15° ～ 25° 范围内种植喜树，能有效提高叶用林的效率。

　　（3）机械采收技术。研发了喜树电动履带梳刷式树叶采收机，降低人工成本达到 50% 以上。

## 推广应用适生区与前景

　　该成果建立示范林 400 亩，繁育圃 200 亩。应用本成果中的栽培条件与施肥管理方式，有效提升了喜树叶片亩产，结合研发的树

电动履带梳刷式树叶采收机

叶采集机，大大提升了喜树采收成本。该技术适合喜树药用林应用。

成果来源："主要工业原料林高效培育与利用技术研究"项目

联系单位：浙江农林大学

通信地址：浙江省杭州市临安区武肃街 666 号

邮　　编：311300

联 系 人：申亚梅

电　　话：13867457586

更多信息参见 https://hzc.zafu.edu.cn/

# 红豆杉高效培育技术

## 技术目标

红豆杉中含有的抗癌活性物质紫杉醇（Taxol）被誉为治疗癌症的"最后一道防线"。随着医疗水平的提高，紫杉醇需求量巨大，加之红豆杉生长非常缓慢，且紫杉醇含量极低，仅占树皮干重的0.01%～0.03%，造成当前紫杉醇供需矛盾严重激化。研究红豆杉扦插、栽培、种源筛选以及高效采收等技术，对于提高紫杉醇产量具有重要意义。

## 主要特征与技术指标

（1）建立了高生根率扦插繁育技术，优于多种红豆杉的传统扦插技术，生根率大于90%；建立了曼地亚红豆杉组培微扦插技术，生根率大于45.83%，比现有技术提高了65%。

（2）建立了红豆杉高效栽培技术，在70%遮阴条件下，单垄单行、株行距为40厘米×60厘米的红豆杉生长较好，平均地径为2.26厘米，平均单株生物量为1.52千克，均显著高于同样密度下无遮阴处理（平均地径为1.74厘米，平均单株生物量为0.67千克）；栽培中施用菌肥处理有利于紫杉醇合成积累，并能提高枝叶生长量。

（3）筛选获得了多个高紫杉烷含量的优良种源，单位面积产量提升了20%以上。

（4）研发了手持式红豆杉枝叶采集机，降低人工成本达到50%以上。

南方红豆杉现场采收

## 推广应用适生区与前景

　　该成果建立示范林约 3000 亩，繁育苗圃 200 亩。运用该成果中的栽培模式与管理方式，有效提升了红豆杉枝叶亩产，结合研发的手持式枝叶采收机，大大降低了红豆杉采收成本。该技术适合红豆杉药用林繁育与应用。

**成果来源**："主要工业原料林高效培育与利用技术研究"项目

**联系单位**：中国林业科学研究院林业研究所

**通信地址**：北京市海淀区香山路东小府 1 号

**邮　　编**：100091

**联 系 人**：杨艳芳

**电　　话**：13811944046

更多信息参见 http://rif.caf.ac.cn/Appraisal.aspx

# 红豆杉—无花果复合经营技术

## 技术目标

红豆杉属（Taxus）植物是国家Ⅰ级重点保护野生植物。无花果树（*Ficus carica*）是桑科榕属速生小乔木。幼龄红豆杉生长速度慢、不耐受强光。采用速生树种与红豆杉进行复合经营，对红豆杉进行遮阴可以减少强日光对红豆杉的损伤，并可降低搭建遮阴棚产生的成本。从红豆杉和无花果的适生地域、喜光性、生长速度以及根系深浅等方面考虑，选择无花果作为东北红豆杉或南方红豆杉的混交树种进行造林设计，可达到提质增效的目的。

## 主要特征与技术指标

构建了红豆杉—无花果混交林的复合经营技术体系，在无花果林下种植红豆杉，无花果可为红豆杉遮阴，同时提高土地利用率。根据红豆杉和无花果的生物特性，充分利用生态位互补优势，将东北红豆杉或南方红豆杉和无花果进行混交，在平地采用苗床方式栽培，在山地采用梯田方式栽培，生物量明显提高。与纯林相比，复合种植的红豆杉株高增长率提高了47%，红豆杉叶片中紫杉醇含量提高了12%以上。提出以异戊醇促进幼龄红豆杉生

相关技术成果发明专利证书

长的技术：通过对幼龄红豆杉施加低浓度的异戊醇水溶液，幼龄红豆杉株高和地径相对生长率均提高了 50% 以上。该技术获得国家发明专利 2 项。

## 推广应用适生区与前景

通过集成容器育苗、抚育间伐、林地施肥、遮阴、排渍等技术措施，在山东省荣成市建立了红豆杉—无花果复合种植示范基地 200 余亩，辐射面积 2000 余亩，带动 200 多户农民脱贫致富，产业化前景良好。该技术适宜在红豆杉与无花果适生区应用。

---

**成果来源**："工业原料林高效培育和增值加工技术集成与示范"项目

**联系单位**：东北林业大学，荣成健康集团有限公司

**通信地址**：黑龙江省哈尔滨市和兴路 26 号

**邮　　编**：150040

**联 系 人**：赵春建

**电　　话**：13101664518

更多信息参见 https://kyy.nefu.edu.cn/kycg/cghj.htm

---

# 山苍子嫁接与扦插繁育技术

## 技术目标

　　山苍子是我国重要的工业原料林树种。目前我国山苍子产业仍然存在一些亟待解决的问题。其一，山苍子资源仍然以野生为主，资源分散。其二，良种使用率低，繁育技术落后。现有的山苍子苗木繁育技术主要选用山苍子实生种子苗，该技术繁育的苗木不能区分雌雄株，会导致后期栽培雌雄配置困难。这些问题已严重制约了我国山苍子产业的健康快速发展。

## 主要特征与技术指标

　　（1）山苍子嫁接繁育技术，包括山苍子嫁接、采穗圃营建与经营等关键技术。砧木选择胸径 0.8～1.5 厘米的健康砧木，嫁接前在距地面 40 厘米处截干，按株行距 20 厘米×40 厘米定植；最适采穗部位为树体生长健壮、粗度在 0.5 厘米以上、芽体饱满、无病虫害和机械损伤的枝条；最佳采穗时间为 12 月至翌年 1 月；于春季未发芽前嫁接，或者秋季 9—10 月嫁接；最佳嫁接方法为切接法；嫁接后经抹芽、解绑、摘心、中耕除草、水肥等系列配套管理措施，嫁接成活率由 20% 提高至 60%；确定了山苍子新建采穗圃的最优种植密度、定干高度；通过回缩改造、去掉结果枝组、恢复和促进树体营养生长等技术措施，完成实生低产园改建成采穗圃；提出了配套经营管理技术。

（2）山苍子扦插繁育技术，包括山苍子扦插、采穗圃营建与经营等关键技术。研发出山苍子嫩枝扦插繁育方法，确定最适扦插时段（初夏时节），使用扦插专用生根剂（GGR6 + 1000 毫克 / 千克）和专用基质（黄心土：腐殖土：珍珠岩：蛭石 = 4：4：1：1），平均生根率 74.77%，平均根数 4.8 根，平均根长 7.1 厘米，嫩枝扦插生根率提高到 75% 以上；确定了山苍子良种采穗圃的最优种植密度、定干高度，通过平茬等技术措施，提高了采穗圃插穗的质量。

山苍子良种嫁接繁育基地　　　　山苍子良种扦插繁育基地

## 推广应用适生区与前景

已在重庆市万州区、贵州省黔南布依族苗族自治州独山县等地建立山苍子嫁接扩繁基地 150 亩，推广示范近 1650 亩。在四川省、湖南省等地推广建立山苍子良种扦插示范基地近 800 亩，已经繁育良株无性系苗木近 8 万株。山苍子苗木嫁接与扦插繁育技术的应用解决了山苍子产业对优质苗木的需求，为我国山苍子产业良种苗木供应及整个山苍子产业的快速发展提供了技术保障，应用前景广阔。该技术可在所有山苍子适生地区内的山苍子产业基地进行推广应用，拥有良好的应用前景。

成果来源："主要工业原料林高效培育与利用技术研究"项目

联系单位：① 中国林业科学研究院亚热带林业研究所；② 四川省林业科学研究院；③ 湖南省林业科学院

通信地址：① 浙江省杭州市富阳区大桥路 73 号；② 四川省成都市星辉西路 18 号；③ 湖南省长沙市韶山南路 658 号

邮　　编：① 311400；② 610081；③ 410018

联 系 人：① 陈益存；② 刘均利；③ 张良波

电　　话：① 13706816867；② 13540756522；③ 13975198425

更多信息参见 http://risfcaf.caf.ac.cn/cgyl/zylw.htm

# 山苍子矮化丰产栽培技术

## 技术目标

我国山苍子多年来一直处于自然生长状态，自然结实率低、植株高大不易采摘，栽培利用技术落后，是制约山苍子产业化发展的关键问题之一。近年来，四川省林业科学研究院致力于山苍子人工栽培技术相关研究，经过多年田间试验，集成了山苍子矮化丰产栽培技术体系。

## 主要特征与技术指标

该成果包含了山苍子人工林矮化丰产栽培关键技术。

（1）整地。穴状整地，每穴 60 厘米×60 厘米×80 厘米，根据地形布置排水沟。

（2）栽植。按 2 米×3 米株行距定植，栽植时施足底肥，每株使用农家肥 3～5 千克，覆土，定植，踩紧，浇足定根水。定植当年施少量氮肥即可。

（3）整形。定植后 1～2 年，对植株进行定干处理，剪截主干顶部，促使侧枝生长，根据树形，保留 2～3 轮主枝，树高控制在 1.2～1.8 米，形成矮化林。

（4）修剪。成年树的修剪每年 1 次，适时适量，可结合果实采收进行。因山苍子花芽分化特性，秋冬季节不适宜修剪。修剪主要在回缩侧枝及去除病弱枝，保持树形通透。

（5）水肥管理。每年3～5次，重点在开花前、果实膨大期和果实采收后，以复合肥为主。

（6）除草。每年结合施肥进行中耕除草。

矮化丰产栽培技术可实现山苍子植株矮化，促进更多结果侧枝萌发，山苍子产量由原来的80千克/亩提高到113千克/亩，且方便采收，大幅降低山苍子采收人力成本及风险。

山苍子栽培示范基地

山苍子矮化丰产栽培效果

**推广应用适生区与前景**

已在四川省达州市开江县、眉山市仁寿县等地建立栽培示范基地600亩，每亩可实现增加产值575元。山苍子矮化丰产栽培技术的应用解决了山苍子产业对栽培技术的需求，为山苍子产业的快速发展提供了技术支持，应用前景广阔。该技术可在所有山苍子适生区内进行推广应用。栽培技术是山苍子产业发展的保障，拥有良好的应用前景。

**成果来源：**"主要工业原料林高效培育与利用技术研究"项目

**联系单位：**四川省林业科学研究院

**通信地址：**四川省成都市星辉西路 18 号

**邮　编：**610081

**联 系 人：**刘均利

**电　话：**13540756522

更多信息参见 http://www.sclky.com/web/square/industry/2/134

# 叶用辣木标准化种植技术

## 技术目标

目前，全国12个省（区）辣木栽培面积约5万亩，其中适合现代辣木产业发展需求的资源不到5000亩。培育目标不明确、良种使用率低、栽培技术落后等问题已严重制约了我国辣木产业的健康发展。我国辣木种植以生产种子、干叶、嫩枝条和鲜枝叶四大类为主，其中，以生产食品和蔬菜产品的辣木种植园供需暂时趋于平衡，而用鲜枝叶作为饲料添加剂的市场缺口较大，因产量较低导致种植效益差的问题普遍存在。

## 主要特征与技术指标

该成果包含了辣木园地选择、良种选用、播种建园、密度配置、水肥管理、树形控制和刈割采收等关键技术。总结出饲用辣木种植园规模化栽培技术方法，提出饲用辣木宜直播繁殖，播种适宜密度2500～4000株/亩，平均株高1.5米或地径3厘米时定干，以后嫩枝萌发45～60厘米时刈割一次，每年采收3～6次，鲜枝叶亩产量达6.7～12.2吨。

## 推广应用适生区与前景

已在云南省永仁县、元谋县、保山市等地建立辣木良种繁育基地200亩，试验示范种植园1000亩，辣木鲜枝叶经短期发酵或青贮后作为饲料添加剂直接饲喂山羊和肉牛。该技术可在所有辣木适生区以木本饲料添加剂为目的产品的辣木种植园进行推广应用。

叶用辣木园　　　　　　　　辣木饲料添加剂

**成果来源:** "主要工业原料林高效培育与利用技术研究" 项目

**联系单位:** 中国林业科学研究院资源昆虫研究所

**通信地址:** 云南省昆明市盘龙区白龙寺

**邮　　编:** 650233

**联 系 人:** 张燕平

**电　　话:** 0871-63860025

更多信息参见 http://www.riricaf.ac.cn/weboutpage/tecResult.html

# 油桐激素调控促产技术

## 技术目标

目前我国油桐产量较低，经济效益低下，制约了产业化发展。雌花数量少、雌雄花比例过低和雌花发育不正常是导致油桐低产的根本原因。该项目在油桐性别形成、花器官发育、激素调控等方面开展系统研究，建立了激素催雌促产技术，为油桐产业升级提供了重要的技术支撑。

## 主要特征与技术指标

通过油桐花性别决定及发育过程的系统研究，解析了油桐雌花形成的 6-BA 调控机理及雌花发育的水杨酸调控途径，阐明了油桐花发育的激素调控机制。通过随机区组试验设计，研发了油桐催雌调控技术及促果剂产品，产品主要成分为 6-BA 98%、硼 0.3%、钾 0.2%、磷 0.4%、钙 0.15%、镁 0.1%、维生素 0.3%、氨基酸 0.15%、葡萄糖 0.4% 等多元营养成分及调节成分。使用方法：在每年 6 月底的阴天，对顶芽及其周围叶片进行人工或无人机喷施，隔 3 天喷施一次，共 3 次即可。该技术及产品解决了油桐低产问题，施用后可使每个雄花序的坐果量从 0 个果提高到 8 个果左右，平均单株产量提高 24.23% ~ 27.75%，填补了国内油桐研究领域的空白，处于国内领先水平。

| 纯雄花序 | 无果 |

**未处理纯雄花树体**

| 纯雌花序 | 串果 |

**处理纯雄花树体**

| 产品包装正面 | 产品包装背面 |

**油桐催雌促果剂**

## 推广应用适生区与前景

在湖南省永顺县、龙山县、邵阳市，重庆市万州区，云南省丘北县等地的油桐种植企业及农村合作社推广应用，大幅度提高了油桐果实和桐油产量，亩产值提高 1000 元左右，极大地提高了当地政府和山区农民种植油桐、发展油桐产业的积极性，在推进我国石漠化治理、精准扶贫和乡村振兴等方面发挥了重要作用。适用于我国南方亚热带主要油桐分布区。

**成果来源**："主要工业原料林高效培育与利用技术研究"项目

**联系单位**：中南林业科技大学

**通信地址**：湖南省长沙市韶山南路 498 号

**邮　　编**：410004

**联 系 人**：张琳

**电　　话**：13908468074

更多信息参见 https://kjc.csuft.edu.cn/kycg/cgjj/

# 油桐高效栽培集成技术

## 技术目标

我国南方油桐工业原林良种资源紧缺，区域性针对不强。同时，由于油桐耐贫瘠的树种特性，山地产区往往将其栽植于土壤瘠薄的陡坡，林地管理粗放，多属于低产林，且不便对其进行人工抚育。该成果以南方山地油桐优良种源筛选为基础，进行油桐—内生菌共生体构建及其密度调控等技术集成，可提高油桐林分质量，加快油桐生长速度，降低油桐林分经营管理成本。

## 主要特征与技术指标

在优化千年桐内生真菌分离与提取技术、内生真菌回接技术基础上，分析千年桐生长及养分含量的影响，创立完整的千年桐内生真菌分离纯化回接技术。集成密度调控技术，明确栽植密度对种群个体数量与生长调控的互作效果，引导生长资源分配，促进油桐林分存活率和生物量的积累。

开发出7株油桐功能性内生真菌，构建了油桐—功能性内生真菌共生体，结合栽植密度调控技术，平均树高增加12.26%，平均胸径增加9.29%，蓄积量增加19.09%，林地修复成本降低15.34%。该项技术可应用于我国油桐产区。

油桐功能性内生真菌菌株

油桐密度调控试验林

## 推广应用适生区与前景

　　该成果适用于在我国南方山地环境下营建的油桐工业原料林。该成果直接促进了林业科技成果向林地生产力的转化，提高千年桐工业原料林的产量和质量，降低抚育成本与生产成本。使千年桐工业原料林每公顷生物量积累达到30～45吨，以目前木材销售价格，年产值可达每公顷1万元左右。千年桐盛产期时每公顷可产种约5000千克，年产值可达每公顷1.5万元左右。同时，有效提高了千年桐木材及果实质量，其产品附加值随之提高，经济效益显著，应用前景广阔。

**成果来源**："工业原料林高效培育和增值加工技术集成与示范"项目
**联系单位**：福建农林大学林学院
**通信地址**：福建省福州市仓山区上下店路 15 号
**邮　　编**：350002
**联系人**：洪滔
**电　　话**：18950293866
更多信息参见 https://kyy.fafu.edu.cn/main.htm

# 油桐良种繁育与栽培密度调控技术

## 技术目标

油桐是我国特有的木本油料能源树种，桐油是纯天然环保型涂料和油漆的生产原料。发展油桐产业是促进绿色制造的重要途径。然而，在20世纪80年代，人工合成漆的生产一度冲击桐油市场，油桐生产经历了几次下滑。导致现阶段要建立大面积油桐示范林，为桐油产业提供生产原料，需要从头开始。良种良法是建立示范林的基础，是良性循环的开端。建立油桐良种繁育技术体系、油桐良种无性系种子园营建技术规程，并在此基础上应用沙藏播种造林及栽培密度调控技术，形成油桐良种化、规范化高效稳产生产模式。

## 主要特征与技术指标

### 1.油桐良种繁育技术

（1）通过对嫁接时间、嫁接方式、解绑时间等技术优化，创立了适合油桐良种的嫁接技术，嫁接成活率可达80%以上。

（2）开展了"华桐"系列油桐良种不同外植体的消毒、继代增殖、壮苗、生根及移栽炼苗，建立了油桐的快速繁殖技术体系，增殖系数可达6.6。

### 2.油桐延迟沙藏造林和密度调控技术

（1）优化了油桐不同品种延迟沙藏技术，调整用沙量改善沙藏效果，缩短了沙藏周期，提高沙藏种子露白及萌发率，优化上山造林方式提高造林成活率，造林成活率可达95%以上。

（2）通过光合作用分析、生长指标测定及测产比较，优化构建油桐良种密度调控栽培技术，明确最佳造林密度为 5 米×5 米，促进油桐种植结构调整和产业升级。

## 推广应用适生区与前景

已在湖南省湘西土家族苗族自治州推广关键技术和示范基地 1000 余亩；在湖南省武冈市推广关键技术及示范基地 8000 余亩，建立现代化的育苗苗圃 50 亩，年育苗 50 万株以上；在安徽省马鞍山市等地也进行了大面积推广应用，带动了当地经济的发展，增加了当地农民的就业率，提高了农民的收入，新增产值 200 万元以上，取得良好的经济效益、社会效益和生态效益。

**成果来源：** "工业原料林高效培育和增值加工技术集成与示范" 项目

**联系单位：** 中南林业科技大学

**通信地址：** 湖南省长沙市韶山南路 498 号

**邮　　编：** 410004

**联系人：** 曾艳玲，李泽

**电　　话：** 0731-85623406

更多信息参见 https://kjc.csuft.edu.cn/kycg/cgjj/

# 松脂原料林高产脂调控关键技术

## 技术目标

　　松脂是重要的人工林非木质林产资源，松脂采集以我国的产量最高。由于国内大多数脂用林经营普遍存在管理粗放、过度采脂和提前采脂等影响脂用林经营质量的问题，造成了人工消耗大、成本高，脂用林松脂产量及经营效益低。针对上述问题，该成果开展脂用林密度调控和配方施肥等配套技术措施，规范脂用林采脂技术，解决脂用林单位面积产量低以及生长缓慢等技术问题。重点研究与突破生物类和化学类增脂剂的有效复合调配等关键技术，开发生物及化学类复合增脂剂产品，提高松脂产率和采脂效率，建立松脂高效栽培示范基地，对于提高脂用林经营水平具有重要意义。

## 主要特征与技术指标

　　该成果包含高产脂松脂原料林培育技术和高效增脂剂创制技术。高产脂松脂原料林培育技术要点包括配方施肥和密度调控等配套技术措施，规范脂用林采脂技术等方法。增脂剂创制技术要点在于找到化学／生物复合增脂剂中化学类和生物类增脂剂最佳匹配度的成分及浓度。

　　采脂林配方施肥相对于未施肥的空白对照组松脂产量均可增脂9%以上，控制密度为70～80株／亩可以获得相对较高的经济效益和较小的生长影响。增脂剂创制技术方面，与未施加增脂剂的对照组相比，对云南松和思茅松的平均增脂率分别为 31.48% 和 29.07%。与施加传统的稀土类化学增脂剂的对照组相比，该成果开发的复合增脂剂的施用（稀土类化学增脂剂 + 乙烯利生物增脂剂）促进云南松和思茅松的增脂率最高均可达 20% 以上。

高产脂松脂原料林　　　　　　　　化学—生物类复合增脂剂

**推广应用适生区与前景**

建立了高产脂松脂原料林示范基地 4 个，以示范基地为依托，通过室内培训和林地现场培训相结合的方式，推广脂用林增效经营技术，实现松脂原料林高效栽培辐射推广总面积 32.66 万亩，涵盖了广西（广西壮族自治区，全书简称广西）、云南两个我国松脂主产区。通过对松脂原料林进行密度调控、配方施肥等，规范脂用林采脂技术，2020 年技术辐射区域的松树种植户松脂增产约 2689.5 吨，人均月收入增加 400～2160 元不等，参与松树抚育施肥、采脂等相关工作的脱贫户共 2466 户 10577 人。该技术成果可在国内松树种植区域进行推广应用。

复合增脂剂

无色透明水溶液

对云南松和思茅松的平均增
脂率分别为31.48%和29.07%

高产脂松脂原料林基地　　　　　　　　　增脂剂施用

**成果来源：**"人工林非木质资源全产业链增值增效技术集成与示范"项目

**联系单位：**① 广西壮族自治区林业科学研究院；② 西南林业大学

**通信地址：**① 广西南宁市邕武路23号；② 云南省昆明市盘龙区白龙寺300号

**联 系 人：**① 陆顺忠；② 吴春华

**电　　话：**① 13087990338；② 15925150719

**电子邮箱：**13087990338@163.com

更多信息参见 http://www.gxlky.com.cn/index.php

# 五倍子种虫高效放养增产及
# 有害生物绿色防控技术

## 技术目标

五倍子是由蚜虫在盐肤木等树叶上取食形成的虫瘿，是我国传统的林特资源产品。人工散放五倍子蚜虫，在树叶上取食形成倍子是目前主要的生产方式。该技术针对五倍子培育过程中只散放一次种虫、叶片和种虫利用率低、产量不高的问题，以及病虫害与蚜虫共同生存，难以防治的问题，研发了种虫多次散放、多次结倍、林下种植和病虫害错时防治等配套技术，提高了五倍子单产，实现了五倍子生产体系的高效利用。

林下植藓和挂袋接种的五倍子林与种虫多次放养的增产效果

## 主要特征与技术指标

五倍子种虫高效放养增产技术改变了传统的种虫散放模式，由1次放虫增加到2～3次放虫，使种虫分批上树并在不同的叶片上多次取食和形成倍子，结倍叶片数从原来的 1～3 片增加到 2～6 片，种虫和寄主植物叶片的利用率提高了 100%；有害生物绿色防控技术明确了五倍子原料林中的主要有害生物种类、生物学特性和防控方法，其中林下间作、适时修剪和错时防治等防控方法，既能有效防治病虫害，又能选择性地保护五倍子蚜虫；综合应用上述配套技术，使五倍子单产从原来的 20～30 千克/亩提高到 40～60 千克/亩，平均增产 80%～100%，最高单产达到 152 千克/亩，原料林综合收益从 1000～1500 元/亩提高到 2000～3000 元/亩，实现了五倍子生产体系的高效利用。

### 推广应用适生区与前景

该技术已在湖北、湖南、重庆、云南和贵州等五倍子主产区应用和推广，营建五倍子原料林示范林 6.04 万亩，辐射推广 33.05 万亩，2018—2020 年共增产五倍子 1500 多吨，新增产值 3000 多万元，带动了山区特色经济发展和农民增收，显示了良好的应用前景。

**成果来源：**"人工林非木质资源全产业链增值增效技术集成与示范"项目

**联系单位：**中国林业科学研究院资源昆虫研究所

**通信地址：**云南省昆明市盘龙区白龙路

**邮　　编：**650233

**联系人：**杨子祥

**电　　话：**0871-63862707

**电子邮箱：**yzx1019@163.com

更多信息参见 http://www.riricaf.ac.cn/weboutpage

# 机械化生漆采收装备

### 技术目标

采割生漆是通过在漆树主干或较大的侧枝上割口并收集所流出漆液的过程。目前国内外普遍都是人工采割，劳动强度大、效率低、成本高，生漆售价中 60% ～ 70% 是割漆的人工费。因此，开发机械化采收装备，提高采割效率，降低人工成本，具有重要的现实意义。

### 主要特征与技术指标

该成果包括电动刮粗皮刀、电动割漆刀、生漆接收杯和负压抽吸式生漆收集装置。

（1）割漆的第一步是刮去漆树的粗皮，目前生产中是用传统的刨刀一点一点地刮除，工具落后，刮除效率低。针对该问题，研制了手持式电动刮粗皮装置，该装置通过电机带动滚筒式切割刀具高速旋转刮除粗皮，结构简单，操作方便，1 个割口刮皮用时 15 ～ 20 秒，可提高刮皮效率 3 ～ 4 倍，实际应用中，能够减轻劳动强度。

（2）研制了手持式电动割漆刀，由锂电池带动小型电机驱动割刀，通过割深调整机构能够控制刀具的切割深度，切割动力由电机提供，可降低劳动强度，一个刀口用时 10 ～ 15 秒，与传统割漆相比，提高割漆效率 3 ～ 5 倍。

（3）针对陕西省南部常用的漆枧、木制生漆桶，存在接收、收集、倾倒都不方便等问题，设计了一种可重复利用的生漆接收杯，并研制了负压抽吸式收集装置，通过电机带动微型真空泵产生负压将生漆抽吸到可密封瓶内。该装置可提高生漆收集效率，减少生漆的浪费和氧化，整机结构简单轻便，收集效率高，使用方便。该成果突破了机械化采收装备成套技术，为大规模机械化采收奠定了技术基础，并提供了装备支撑。

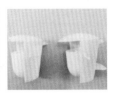

生漆机械化采收装备

**推广应用适生区与前景**

机械化生漆采收装备已经在陕西省宁陕县和平利县进行了相关试验和应用，可提高采收效率 3～5 倍，降低漆农劳动强度，降低生产成本 50%～60%。可广泛推广应用于生漆主产区。该成果为大面积种植漆树和机械化采收生漆提供技术保障和装备支持。机械化生漆采收装备可广泛应用于陕西、湖北、四川等生漆主产区的生漆采收行业，在保证产量和质量的前提下，为大面积种植漆树和采收生漆提供技术保障和装备支持，解决生漆机械化采收装备匮乏问题，具有广阔的市场应用前景。

成果来源："主要工业原料林高效培育与利用技术研究"项目

联系单位：西北农林科技大学

通信地址：陕西省咸阳市杨凌示范区西农路 22 号

邮　　编：712100

联 系 人：黄晓华

电　　话：18740433827

更多信息参见 https://kyy.nwsuaf.edu.cn/kjjz/xdkjjz/index.htm

# 矮化香樟枝叶收集机

## 技术目标

我国目前香樟枝叶采集完全依靠人力手工作业，针对枝叶采收劳动强度大、作业效率低，造成香樟枝叶中宝贵的挥发性物质在收集运输储存过程中损失较大等关键技术问题，为提高活性物保持率及提取效率，开展人工林枝叶收集关键技术与设备研究，为人工林非木质林产资源高质化利用提供先进的技术装备支撑。国内外目前还没有专用的矮化人工林枝叶收集机械。与之相近的能源林收获机械都是以大型农用联合收割机为基础进行改装，由于机体庞大、功率很大，其爬坡、越障性能和经济性都有一定的局限性。为满足我国香樟枝叶采集实际生产的需要，须研制一种机体体积、功率适中，具有一定爬坡、越障能力，适用于缓坡林地作业的人工林枝叶收集机。

## 主要特征与技术指标

矮化香樟人工林枝叶收集机的关键作业部分是切割喂料装置。其主要构成包括切割锯片组合、主副立辊组合、限位地轮、同步拨扶机构等零部件。当枝叶收集机机组以作业速度前进时，限位地轮在地面摩擦力作用下带动增速传动装置，驱动螺旋搅龙转动。当螺旋搅龙前端开始与矮化香樟树丛行间倒伏枝条接触时，螺旋搅龙旋转将倒伏的枝条扶直站立，确保切割锯片正常切割作业。

收割的枝叶在主副立辊组合的作用下，进入输送装置前端，输送链上的刮板把枝叶压持带入切碎装置进行碎化处理，切碎的枝叶在气流的作用下经过出料装置进入储料及卸料装置，当储料箱装满时，启动卸料装置将料卸到运输车上，从而完成一个循环的作业过程。该机主要技术性能参数如下。

枝叶收集机

枝叶收集机在示范基地作业情况

切割锯片直径：1200毫米

切割锯片转速：800转/分钟

切碎刀辊直径：500毫米

切碎刀辊转速：1360 转 / 分钟

储料箱容积：3.55 米³

生产能力：3～5 亩 / 小时

底盘行走履带中心距：1154 毫米

底盘配套动力功率：61.3 千瓦

整机质量：3700 千克

外形尺寸：5240 毫米×2200 毫米×2500 毫米

## 推广应用适生区与前景

　　枝叶收集机在江西省金溪县矮化香樟原料林进行实地生产试验和性能检测，试验结果表明，该机各项技术性能指标达到了设计要求。由于近些年来矮化香樟原料林发展迅速，靠人工进行枝叶收集作业无法满足行业发展的需求，从业者期盼早日实现矮化香樟人工林枝叶收集机械化。该项技术大幅度提高了作业效率和香樟醇提取率，显著降低了作业成本和作业人员的劳动强度。另外，该项技术不仅适用于矮化香樟人工林枝叶收集作业，还可用于其他类似灌木资源收集和沙生灌木平茬作业，产业化开发与市场前景十分广阔。

**成果来源：**"人工林非木质林产资源高质化利用技术创新"项目

**联系单位：**国家林业和草原局哈尔滨林业机械研究所

**通信地址：**黑龙江省哈尔滨市南岗区学府路 374 号

**邮　　编：**150086

**联 系 人：**白帆，吴兆迁

**电　　话：**18604517638，18945000589

**电子邮箱：**baifan1688@163.com

# 第三篇
# 特色资源加工利用技术

# 银杏叶功能性多组分绿色高效提取技术

## 技术目标

银杏叶含有多种生物活性成分，如酚酸、黄酮、萜内酯、原花青素、有机酸和聚异戊烯醇类化合物，具有活血化瘀、通络止痛、敛肺平喘、化浊降脂等功效，在治疗脑血栓、冠心病、脑功能障碍、神经系统疾病等心脑血管疾病方面具有独特疗效。当前银杏叶下游加工主要是以银杏叶为原料，脱除银杏酚酸，再制备获得不同的功能成分或制成标准的银杏叶提取物，在银杏酚酸脱除、功能成分提取等工艺中都需要使用大量的有机溶剂，因而存在诸多问题：①有机溶剂易挥发、易燃易爆，易造成环境污染；②有机溶剂易残留，影响产品品质和功效；③有机溶剂性质可调节性差，很难实现银杏叶中多种生物活性成分的联合提取，造成资源浪费。

## 主要特征与技术指标

设计制备了近千种深共熔溶剂，并根据银杏叶下游加工的需要筛选出了具有生产成本低、绿色环保、性质可调节、易设计等特点的脱除溶剂1种、提取溶剂3种、增溶溶剂1种，并优化处理最佳应用工艺，实现了银杏叶中银杏酚酸的绿色高效脱除，银杏叶中不同极性的银杏黄酮、银杏萜内酯、原花青素、有机酸和聚异戊烯醇类化合物的分别提取和联合提取，以及银杏叶标准提取物的增溶与液态递送。

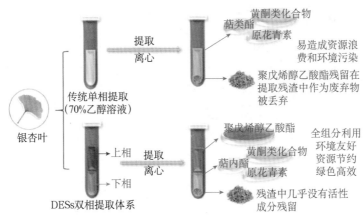

银杏叶中多种活性成分的深共熔溶剂联合提取技术

与传统方法相比，主要存在以下优势。

（1）通过脱除酚酸的深共熔溶剂一步微萃脱除，可将银杏叶粗提取物中银杏酚酸含量降低到 5 毫克 / 千克以下。

（2）生物活性成分提取率更高，例如，银杏黄酮提高 1.10 倍，银杏萜内酯提高 2.27 倍，原花青素提高 1.69 ～ 3.14 倍，聚异戊烯醇类化合物提高 1.18 倍。

（3）通过增溶型深共熔溶剂可使银杏叶提取物中的总黄酮醇苷、萜类内酯和原花青素的溶解度比水中溶解度分别提高 405 倍、638 倍、760 倍。

（4）更加绿色环保，深共熔溶剂不挥发，可用可再生物质制备，易降解。

（5）可实现银杏叶中极性的银杏黄酮、银杏萜内酯、原花青素、有机酸以及非极性的聚异戊烯醇类化合物的联合提取。

（6）可实现标准银杏提取物的液态递送，增加了标准银杏叶提取物剂型。

## 社会经济效益和市场前景

该技术适合以银杏叶为原料的食品、制药、日化、农化企业。

---

**成果来源**："主要工业原料林高效培育与利用技术研究"项目

**联系单位**：南京林业大学

**通信地址**：江苏省南京市玄武区龙蟠路 159 号

**邮　　编**：210037

**联 系 人**：苏二正

**电　　话**：13645173596

更多信息参见 https://kjc.njfu.edu.cn/c2816/index.html

---

# 银杏高黄酮提取纯化技术

## 技术目标

银杏叶提取物（GBE）是广泛用于心脑血管疾病的天然药物，主要成分为黄酮、内酯、有机酸等成分，其中黄酮为主要的活性与指示物质。黄酮类化合物是植物中重要的次生代谢产物，具有降血压、增强免疫力、抗感染、抗癌和抗衰老等作用，可用于预防和治疗心血管疾病。目前银杏叶提取物的黄酮转移率只有 20% 左右，低纯度和低转移率的黄酮严重影响了银杏叶药用制剂的质量，制约了银杏加工产业的发展。因此建立一种高纯度的黄酮提取纯化、鉴定技术，提高银杏叶的资源利用率，是解决银杏加工企业生产效率低、产品质量差、销售量低的主要途径。

## 主要特征与技术指标

针对银杏叶提取物中黄酮纯度低、转移率低，杂质多、产品质量低等制约银杏加工产业发展的问题，研究以聚酰胺（30～60目）为树脂填料，以碳酸钠溶液洗脱，收集洗脱液再上样乙醇洗脱的两次柱层析。获得了最佳上样浓度、最佳上样流速、最佳洗脱剂浓度与洗脱流速、洗脱接收部位等关键技术指标。对上述流程进行小试重复实验、使用聚酰胺柱（直径 20 厘米，柱体积 30 升）进行中试放大实验，3 批次样品黄酮得率（转移率）平均达 63.7%、纯度92.2%。确定了 1 米$^3$柱填料规格的生产线，该生产线从上样至浓缩干燥全部仪器设备均满足要求。

通过选用含量最高、活性最强的银杏叶特有黄酮（Quercitrin，

CGQ）为标准品进行 UV 法测定总黄酮，确立了采用芦丁校正因子测定银杏总黄酮含量的方法，该方法既能准确测定总黄酮含量又因采用芦丁为对照降低了质量检测成本。将纯化的银杏高黄酮提取物，通过 UPLC 指纹图谱鉴定，其银杏叶中主要的黄酮化合物均能基本保留，最大限度地保持了银杏叶提取物中的黄酮特征，同时产品纯度高。

银杏叶黄酮提取纯化生产线

## 社会经济效益和市场前景

开发的具有自主知识产权的高黄酮银杏叶提取物，已建立中试规模生产线，较原有生产线有效节能 18.99%，银杏叶资源利用率提高了 35%。

成果来源："工业原料林高效培育和增值加工技术集成与示范"项目
联系单位：浙江康恩贝制药股份有限公司
通信地址：浙江省金华市兰溪市康恩贝大道 1 号
邮　　编：321109
联 系 人：金朱明
电　　话：13758242317
更多信息参见 http://gfgs.conbagroup.com/RD-innovation

# 杜仲活性成分绿色提纯及高值化利用技术

## 技术目标

　　杜仲为落叶乔木，其皮为名贵的滋补药材。杜仲叶中含绿原酸、桃叶珊瑚苷、京尼平苷酸等活性成分，可作为活性成分提取的原料。我国杜仲资源丰富，每年产生大量的杜仲叶，绝大多数未被利用而废弃。目前的利用途径大多为生产杜仲茶、杜仲饮料等产品，技术含量不高，且同质化严重，资源利用率极低，种植户几乎无收益。针对目前杜仲生产中存在的活性成分提取率不高、利用率低、综合效益差等突出问题，围绕高效、绿色、节能、操作简单的目标，系统研究了杜仲成分绿色提纯及高值化利用关键技术，突破了技术瓶颈，获得了高产率、高纯度、高活性的有效成分，创新了杜仲高值化利用途径。

## 主要特征与技术指标

　　构建了基于物质基础和生物效价相结合的杜仲质量评价方法；建立了杜仲叶绿原酸的绿色、高效提取、富集工艺；采用高速均质—超声一体化提取、结合双水相萃取富集，绿原酸含量可达69%，是富集前的9倍；创新了一次投料、获取多种成分的色谱分离—萃取精制工艺，以 NKA-Ⅱ 为柱色谱填料，分离得到的绿原酸纯度高达91.26%，环烯醚萜类物质纯度为30%，总黄酮类物质纯度为50.8%。

该技术绿色、高效，可工业化生产。研制出杜仲胶与纳米纤维素、生物炭、硅烷化纤维、石墨烯、富勒烯等复合的功能薄膜材料，创新了杜仲提取剩余残渣的利用途径。

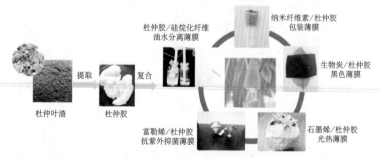

杜仲胶/硅烷化纤维油水分离薄膜

纳米纤维素/杜仲胶包装薄膜

生物炭/杜仲胶黑色薄膜

石墨烯/杜仲胶光热薄膜

富勒烯/杜仲胶抗紫外抑菌薄膜

杜仲叶渣　提取　杜仲胶　复合

杜仲叶渣利用途径

## 社会经济效益和市场前景

基于物质基础和生物效价相结合的杜仲质量评价方法，为杜仲活性成分的快速鉴定和杜仲质量评价提供了科学依据，可应用于杜仲成分检测分析，以及杜仲叶、杜仲皮、杜仲相关产品质量评价领域。杜仲活性成分高效绿色提取纯化技术具有绿色环保、高效协同、可工业化生产优点，有效降低了生产成本，克服了传统有机溶剂提取污染环境、有机溶剂残留等缺点，解决了传统纯化工艺缺少提取物富集环节导致成本较高的问题。在生物医药、功能食品、精细化学品、抗氧化抗菌等领域具有良好的应用前景。

系列杜仲胶功能复合薄膜材料，以可降解性生物基薄膜材料代替石油基薄膜，是未来的发展趋势。杜仲胶具有优良的橡塑二重性，是制备高拉伸性薄膜材料的优质原料。该项目研制出的杜仲胶与纳米纤维素、生物炭、硅烷化纤维、石墨烯、富勒烯等复合的无塑化功能薄膜材料，具有良好的水分阻隔性、避光性、油水分离性、光热转化性和抑菌性，在食品包装、农业保水、农业种植、水体污染、油脂富集分离、植保新材料等领域有着潜在应用前景。

| | |
|---|---|
| **成果来源：** "主要工业原料林高效培育与利用技术研究"项目 | |
| **联系单位：** 西北农林科技大学 | |
| **通信地址：** 陕西省咸阳市杨陵示范区西农路22号 | |
| **邮　　编：** 712100 | |
| **联系人：** 董娟娥 | |
| **电　　话：** 17792070968 | |
| 更多信息参见 https://kyy.nwsuaf.edu.cn/kjjz/xdkjjz/index.htm | |

# 杜仲非传统药用部位的药效评价及新产品开发

## 技术目标

杜仲为我国特有的名贵树种，具有丰富的生物活性成分和极高的药用价值。杜仲树皮为传统入药部位，主要作为中药材应用。随着杜仲研究的不断深入，发现杜仲叶、花（花粉）、果实与杜仲树皮具有相似的化学成分，甚至其他部位的某些活性成分含量远高于杜仲树皮。但是，杜仲非传统药用部位的研究多集中在活性成分的分析、分离和制备，对其药效评价及其相关产品的开发利用研究较少。本成果利用细胞和动物模型，研究杜仲花粉、杜仲籽油和杜仲叶的药效，并通过分子生物学、生物化学等技术阐释产生药物效应的分子机制，为杜仲非药用部位的开发和应用提供了数据支撑。围绕杜仲非药用部位的药效评价，开发出系列杜仲大健康产品。

## 主要特征和技术指标

杜仲花粉降血压作用主要与内皮舒缩因子 NO、EDHF、PGI2、Ang II 和 ET-1 的含量相关，并通过 ACE2、Mas、Ang1-7 对血管舒缩因子进行调控而降低血压；杜仲籽油降血脂和降血糖作用主要与杜仲籽油能显著降低肝脏 FAS、HMGCR、SREBP-2 基因的表达量，升高 PPARa、ACOX1 的表达量有关。

利用杜仲籽油的降血脂、改善智力、增强视力的功效，开

发出杜仲籽油口服乳剂（ZL201710492812.6）、杜仲纳豆软胶囊
（ZL201710103102.X），复方杜仲籽油降血脂咀嚼片系列产品；利用
杜仲花粉的降血压功效，开发出杜仲雄花颗粒剂等；利用杜仲叶中
所含的木脂素、环烯醚萜类、黄酮类和三萜类等化合物，能改善动
物机体免疫、增强抗病能力，开发了杜仲叶玉米青贮饲料。

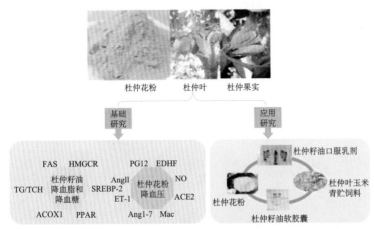

杜仲非传统药用部位的应用研究

## 社会经济效益和市场前景

　　杜仲籽油系列产品能明显降低总胆固醇、甘油三酯和低密度脂
蛋白含量，提高高密度脂蛋白含量，具有辅助降血脂作用，还有改
善智力、增强视力的作用，适用于患有高血脂的中老年人群。杜仲
花粉系列产品能显著降低高血压患者的血压，降压平稳不反弹，适
合高血压患者。为响应国家无抗养殖的要求，用杜仲叶和玉米制成
青贮饲料饲养湖羊，能减少湖羊脂肪含量，增加肌肉紧实性，提亮
肉色，降低羊肉膻味成分（硬脂酸含量降低 62.52%），明显改善羊
肉品质。该饲料适用于反刍动物喂养，将对无抗养殖业有很大的促
进作用。

**成果来源**："主要工业原料林高效培育与利用技术研究"项目
**联系单位**：河南大学
**通信地址**：河南省开封市顺河回族区明伦街 85 号
**邮　　编**：475001
**联 系 人**：李钦
**电　　话**：13937859989
更多信息参见 http://www.henu.edu.cn/kxyj/kxyj.htm

# 杜仲叶绿原酸高效提纯技术

## 技术目标

《中华人民共和国药典（2005年版）一部》将杜仲叶收录为杜仲药材。杜仲叶中含有环烯醚萜类、苯丙素类和黄酮类等活性成分，具有抗高血压、降血糖、抗高血脂、抗氧化、抗骨质疏松和免疫调节等作用。经鉴定发现杜仲叶中的绿原酸含量最高可达5.5%，相较于金银花、向日葵、咖啡豆等常见的绿原酸提取原料，杜仲叶价格低廉，年收获量超过400万吨。以杜仲叶为原料进行绿原酸提取纯化具有重要的社会和经济意义。绿原酸常规提取方式包括有机溶剂提取和水提取，这些提取方式提取率低，且绿原酸的纯度较低；绿原酸常规纯化方法包括萃取、大孔树脂分离等，其产品绿原酸纯度不高。因此，建立一种绿色高效的绿原酸提取分离纯化方法具有重要的实用价值。

## 主要特征与技术指标

针对杜仲叶提取产物中绿原酸含量低、杂质复杂多样的缺点，建立了一种以乙酸乙酯—水体系萃取富集、大孔树脂分离、逆流色谱精制为基础的绿原酸提纯技术，绿原酸纯度达到95%以上。以杜仲叶提取物为原料，水和乙酸乙酯为萃取相，原料经萃取相萃取依次去除水溶性杂质和脂溶性杂质得到水萃取相，水萃取相通过大孔树脂分离或高速逆流色谱纯化，得到纯度在95%以上的绿原酸产品。

## 社会经济效益和市场前景

该成果获得发明专利 1 件，并进行了产业化，与西安锐博生物科技有限公司签订了成果转让协议。该成果在医药化工领域市场前景广阔。

---

**成果来源：**"工业原料林高效培育和增值加工技术集成与示范"项目

**联系单位：**西北农林科技大学

**通信地址：**陕西省咸阳市杨凌示范区西农路 22 号

**邮　　编：**712100

**联 系 人：**高锦明

**电　　话：**13992812408

更多信息参见 https://kyy.nwsuaf.edu.cn/kjjz/xdkjjz/index.htm

---

# 紫杉醇绿色提取与先进递送技术

## 技术目标

　　红豆杉是我国一级珍稀保护树种，其树皮、根部及枝叶中含有对乳腺癌、肺癌等有较好抑制效果的天然化合物紫杉醇。红豆杉枝叶具有很强的再生性，可作为提取紫杉醇较为理想的原料。紫杉醇目前提取方法主要采用热回流法、浸渍法和渗漉法等，具有提取时间长、提取效率低和使用大量有机溶剂污染环境等缺点，研发一种高效、环保的提取工艺对紫杉醇生产技术的升级具有重大意义。目前紫杉醇在临床应用中主要以注射形式进行给药，还存在着肿瘤靶向差、毒副作用大的问题；相比注射给药，口服给药形式安全性较高，更适宜长期给药，但紫杉醇水溶性差、口服生物利用度低，严重限制了其口服制剂在临床治疗中的应用。构建紫杉醇先进注射或口服递送系统对提升其临床疗效具有重要意义。

## 主要特征与技术指标

　　该成果以红豆杉枝叶为原料、以 N-（3- 氢化松香酸酰 -2- 羟基）内基 -N,N,N- 三乙醇基氯化铵（HREOA）表面活性剂胶束溶液为提取溶剂，采用超高压提取技术手段，建立了紫杉醇超高压胶束快速提取技术。与现有常规提取方法相比提取率提高 2.30 倍、时间由 720 分钟缩短到 5 分钟、能耗降低 8.6 倍。该技术作为一种新型提取技术，具有温度低、能耗低、提取率高、操作简便、生产周期短等优点，为紫杉醇烷类化合物的提取提供了新策略。

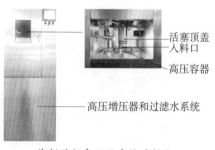

活塞顶盖
入料口
高压容器

高压增压器和过滤水系统

紫杉醇超高压胶束快速提取

多孔淀粉基口服紫杉醇

该成果以多孔淀粉为载体，采用反溶剂重结晶技术构建了紫杉醇口服递送系统，紫杉醇的溶解度提高 15.10 倍，生物利用度提高 4.42 倍，具有优良的抗肿瘤活性。该成果还设计并制备出具有肝癌主动靶向功能的 RGD–PDA–PHBV–PTX–NPs 纳米粒子，可在体外生理盐溶液和红细胞悬浮液中稳定存在，并且具有 pH 值敏感性释放 PTX 的能力，对 HepG2 肿瘤具有显著的靶向性，荷瘤 HepG2 小鼠治疗 14 天的肿瘤抑制率为 86.56%，具有靶向功能和优良的化疗功效，有望成为一种治疗 HepG2 细胞癌的潜在纳米递送系统。

### 社会经济效益和市场前景

已获得国家发明专利和成果鉴定，正在进行应用推广。该成果可在紫杉醇提取和制剂生产企业进行推广，具有良好的应用前景。

**成果来源：** "主要工业原料林高效培育与利用技术研究"项目

**联系单位：** 东北林业大学

**通信地址：** 黑龙江省哈尔滨市和兴路 26 号

**邮　　编：** 150040

**联 系 人：** 赵修华

**电　　话：** 18645012689

更多信息参见 https://kyy.nefu.edu.cn/kycg/cghj.htm

# 白蛋白结合型紫杉醇生产技术

## 技术目标

紫杉醇自 1992 年上市至今，临床上抗肿瘤作用受到肯定。但现有紫杉醇制剂存在以下缺点：紫杉醇水溶性低，导致其口服生物利用度差；紫杉醇注射剂需加助溶剂，毒副作用随剂量增加而增大；现有紫杉醇注射液易引起过敏反应、中性粒细胞减少，存在骨髓抑制及室性心律不齐等不良反应。上述缺点限制了紫杉醇的临床应用，也促进了紫杉醇新制剂的开发研究。因此，开发新的低毒高效紫杉醇药物十分必要。通过紫杉醇与白蛋白结合，利用分子靶点的特异性与靶向性，将紫杉醇制成靶向制剂，是开发紫杉醇类抗肿瘤药物的重要方向。

## 主要特征与技术指标

该技术首先采用超临界反溶剂法应用自主研发的水溶性超微粉加工设备加工出水溶性紫杉醇超微粉，并以此微粉与白蛋白偶联，制备了具有肿瘤靶向的白蛋白结合型紫杉醇注射液。通过药物代谢动力学研究，白蛋白结合型紫杉醇生物利用度提高了 35.4%，细胞毒性减少了 18.3%。

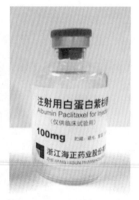

水溶性超微粉加工设备　　注射用白蛋白紫杉醇制剂

## 社会经济效益和市场前景

　　已由浙江海正药业股份有限公司在富阳建成注射用紫杉醇（白蛋白结合型）生产线，现已完成了一系列中试放大和试验批工作，并已完成该产品的临床样品制备，生产线生产规模达到年产10万支注射液。2021年6月，经国家食品药品监督管理总局批准，注射用紫杉醇（白蛋白结合型）已获得药品注册证书（批准文号：国药准字H20213539）。对比浙江海正药业股份有限公司自主研发产品和进口制剂Abraxane的各项指标，自主研发的制剂已达到和进口制剂的水平高度一致，经济社会效益显著，产业化前景十分广阔。

**成果来源：**"工业原料林高效培育和增值加工技术集成与示范"项目

**联系单位：**东北林业大学，浙江海正药业股份有限公司

**通信地址：**黑龙江省哈尔滨市和兴路26号

**邮　　编：**150040

**联系人：**赵春建

**电　　话：**13101664518

更多信息参见 https://kyy.nefu.edu.cn/kycg/cghj.htm

# 木豆叶资源高值化加工利用关键技术

## 技术目标

木豆是世界上唯一的木本食用豆类植物，木豆全身是宝，叶、花、果实均可食用，具有多种医疗和保健功效，尤以木豆叶的药用功效最为显著，是我国治疗股骨头坏死特效药通络生骨胶囊的唯一原料。通络生骨胶囊虽然疗效显著，但其生产过程存在原料利用率低、技术落后、有机溶剂用量多、成本高等缺点，限制了通络生骨胶囊产品的市场竞争力和规模化生产。

## 主要特征与技术指标

创建了酶促转化增量和负压空化高效提取两项木豆叶资源高值化加工利用关键技术。酶促转化增量技术在保持植物物料中离体生物酶活力的前提下，利用外源生物酶将细胞壁成分水解或降解，促进细胞内容物大量释放和结合态目标活性成分的充分游离，同时利用植物体自身高效的内源酶催化体系和合成目标产物的代谢前体与底物，在胞外条件下定向生物合成目标活性成分，使其含量进一步增加。负压空化高效提取技术利用提取溶液内部局部压力骤降时，在液体内部或液固交界面上会发展形成空化泡，这些空化泡瞬间溃灭会产生极高的压强，并且循环反复进行，持续对植物物料表面造成破坏，同时利用其强烈的湍流效应，增强传质速率，加速胞内活性成分的释放、扩散和溶解。该成果与传统工艺相比，木豆目标活性成分含量提高了 30% 以上,生产成本降低了约 40%,能耗降低了 40% 左右。

木豆叶高效提取加工装置　　　　　　　　通络生骨胶囊

## 社会经济效益和市场前景

通过校企合作方式,以上两项核心关键技术成功在浙江海正药业股份有限公司实现通络生骨胶囊产业化生产应用,改建以木豆叶为原料的通络生骨胶囊生产线 1 条,新工艺生产的通络生骨胶囊,原料利用率提高了 25%,产品安全性大幅提高。通络生骨胶囊是治疗股骨头坏死的国家级的唯一临床专用药,全国累计近百万人次患者使用,经济效益和社会效益显著。

**成果来源**:"人工林非木质林产资源高质化利用技术创新"项目

**联系单位**:东北林业大学,浙江海正药业股份有限公司

**通信地址**:黑龙江省哈尔滨市和兴路 26 号

**邮　　编**:150040

**联 系 人**:付玉杰

**电　　话**:18604608668

更多信息参见 https://kyy.nefu.edu.cn/kycg/cghj.htm

# 黄芪皂苷高效提取和高值化利用关键技术

## 技术目标

黄芪皂苷是中药黄芪的主要活性成分之一，也是《中华人民共和国药典》中多种复方制剂的定量指标成分。现代药理学研究表明黄芪皂苷具有抗炎、降压、镇静、镇痛作用，能够显著增强机体免疫功能，具有重要的药用价值。目前从黄芪资源中获取黄芪皂苷存在生产工艺得率低、能耗高、资源利用度低等问题。同时，由于黄芪皂苷水溶性较小、溶出慢、吸收差等因素而影响了其高附加值制剂的开发。

## 主要特征与技术指标

集成了酶促定向诱导转化增量、绿色溶剂耦合物理场强化提取、大孔吸附树脂串联硅胶柱层析分离纯化和水溶性高值化产品开发等技术，形成了黄芪皂苷水溶性固体饮料制备加工生产工艺，在东北林业大学建成了年产 50 千克水溶性黄芪皂苷加工中试生产线 1 条，可获得纯度 99.10% 的黄芪皂苷Ⅳ，生产的黄芪皂苷水溶性固体饮料中黄芪皂苷Ⅳ的含量为 1.39 毫克 / 克，并经第三方检测，产品各项理化特性均符合国家相关标准要求。

水溶性黄芪皂苷制备中试示范线

## 社会经济效益和市场前景

所研发的黄芪皂苷水溶性固体饮料生产技术经荣成健康集团有限公司和哈尔滨圣吉药业股份有限公司的试用，两家公司一致认为该技术在有效提高黄芪皂苷水溶性和生物利用度的同时，还可有效增强产品稳定性和生物活性，产品升值显著，拟正式引进该产品制备生产线，并在今后批量生产，投入市场，有望产生显著经济和社会效益。

成果来源："人工林非木质林产资源高质化利用技术创新"项目

联系单位：东北林业大学

通信地址：黑龙江省哈尔滨市和兴路 26 号

邮　　编：150040

联 系 人：焦骄

电　　话：18800467581

更多信息参见 https://kyy.nefu.edu.cn/kycg/cghj.htm

# 氧苷黄酮和萜类皂苷等定向催化与转化
# 生物活性物质关键技术

## 技术目标

黄酮类和萜类化合物广泛分布在林业特色资源中，是植物中重要的两类天然活性物质。但是，绝大部分黄酮以及许多萜类化合物在植物中是以糖苷形式存在。研究表明，相同母核的黄酮和萜类化合物连接的糖苷种类、数量不同，常表现出不同的活性、功能或用途。另外，植物中常存在多种具有显著生物活性的稀有组分，但难以大量制备。该技术目标就是利用生物催化与转化技术提升植物中活性物质的生物活性、生物利用度及附加值，挖掘植物中活性物质新功能，开发植物中具有显著生物活性或有特殊功效的稀有组分的制备技术。

## 主要特征与技术指标

根据林业特色资源中黄酮类和萜类化合物等活性成分的结构特点、物化性质，挖掘、创制了多功能、底物特异性和键型特异性强、催化效率高的系列 β- 葡萄糖苷酶、β- 木糖苷酶和 α- 鼠李糖苷酶等糖苷水解酶优良基因（重组菌）13 种，多个酶的催化特性及其应用在国内外属于首次被挖掘，并通过定向改造获得优良突变体 9 个；通过糖苷酶的筛选和有机组合，突破了定向催化与转化氧苷黄酮和萜类皂苷等植物活性物质的关键技术，实现了植物提取物中系列高活性、高附加值稀有组分的高效制备；通过重组酶高水平表达、固定化和催化体系的设计等技术的集成创新，建立了定向催化与转化氧苷黄酮和萜类皂苷等植物活性物质关键技术 1 套。利用槐米、银杏等中的芦丁可高效制备异槲皮素，能将紫杉醇中富含的 7- 木糖基 – 10 - 去乙酰基 – 紫杉醇高效转化成 10 - 去乙酰基 – 紫杉醇等。同时，创立的技术可用于生物制备黄芩素、稀有人参皂苷 Rg3 和 CK、淫羊藿苷和淫羊藿素等多种高附加值的天然活性物质。转化率均达到95% 以上，产品增值 200% 以上，生物活性提高 50%。

## 社会经济效益和市场前景

　　该技术已获得国家发明专利和成果鉴定，正在进行应用推广。成果主要应用于天然植物中典型氧苷黄酮、萜类皂苷的生物制备、生物修饰，能为天然活性成分、天然药物加工技术升级提供技术支撑。制备的产品增值 200% 以上，可应用到林源药物以及健康食品、功能食品等大健康领域中，有助于增强我国植物源活性物质或药物在国际市场的竞争能力，而且对满足人们对优质健康产品的需求、提升全民健康水平有着重大的社会价值，因而具有广阔的市场前景。

**成果来源：**"人工林非木质林产资源高质化利用技术创新"项目

**联系单位：**南京林业大学

**通信地址：**江苏省南京市龙蟠路 159 号

**邮　　编：**210037

**联 系 人：**赵林果

**电　　话：**13851481871

**电子邮箱：**lgzhao@njfu.edu.cn

更多信息参见 https://kjc.njfu.edu.cn/kjcg/index.html

# 山苍子协同一体化制油新技术

山苍子精油是我国特色芳香精油，目前年产量 2000～2500 吨，主要用于生产天然柠檬醛。山苍子精油成分丰富，不同品种中挥发油差异较大，主要成分为柠檬醛，占 55%～80%，其次还有 L-莶烯、α-蒎烯、β-蒎烯、月桂烯、莰烯、桧烯、甲基庚烯酮等成分，含量也不尽相同，且天然精油中含有大量具有热敏性的萜烯类成分，容易受环境的影响发生氧化聚合，天然柠檬醛在 180℃左右也会发生部分分解，在铁离子等的催化下分解速度更快，因此，蒸提工艺、精馏技术与山苍子油品质密切相关。该项目针对蛋白质亲水、油脂疏水的特性，水环境条件下粉碎物料，通过合适的温度、震动及乳化状态，开展山苍子精油、核仁油同步一体化制油新技术的优化创新，积极探索山苍子协同一体化制油新技术，进行精油绿色高效提取分离技术的集成与示范，实现山苍子精油和核仁油的高效萃取和分离。

**主要特征与技术指标**

本技术具体操作主要包括以下五个步骤。

（1）磨料粉碎。将鲜果山苍子清理干净，于 10～20℃的温度下放置 1～4 小时，获低温鲜果山苍子；将鲜果山苍子通过高速万能粉碎机粉碎至 100～200 目，再将其粉碎物放置于 10～20℃的温度下，获得前处理物料 A。

（2）匀质调浆。将物料 A 与 10～20℃的纯水进行混合，纯水加入量为物料 A 重量的 3～8 倍，然后密闭条件下快速搅拌 10～20 分钟，其搅拌转速为 1000～1500 转/分钟，再转为缓慢搅拌 50～100 分钟，其搅拌时的转速 50～200 转/分钟，搅拌完毕后获得调浆物料 B。

（3）酸调改性。首先配置酸液，将醋酸与磷酸按照体积 1∶（1～4）的比例进行混合，加入纯水，配制为体积比为 10%～30% 的水溶液，该水溶液即为酸液；其次将上述酸液滴入步骤（2）制备的物料浆液 B 中，调整 pH 值到 3.5～6.5，在装备冷凝管并且冷水回流状态下，升温至 90～100℃，并搅拌 20～60 分钟，获得物料 C。

（4）精油分离。将物料 C 降温至 80～90℃，匀速搅拌，转速 40～60 转/分钟，采用油水分离器分离出精油，收集山苍子精油，下层获得物料 D。

（5）仁油分离。将物料 D 在反应器中继续搅拌，将温度控制在 70～80℃，转速提高至 60～100 转/分钟，搅拌 60～90 分钟，冷却至室温，得到混合物料 E；将物料 E 通过离心机进行固液分离和液液分离，即得仁油。

与传统工艺进行对比，该技术蒸汽热耗大幅度降低，同时资源利用率有所提高，根据中试生产统计数据，节能效果在 10%～15%。该技术及其装备适用于山苍子资源中精油和核仁油的提取。

## 社会经济效益和市场前景

山苍子精油和山苍子核仁油提取方法及工艺研究现已达到成熟水平，且这些方法已用于实际的生产中。我国是山苍子原料生产大国，要对山苍子进一步深加工，必须研发出以山苍子油为原料的新

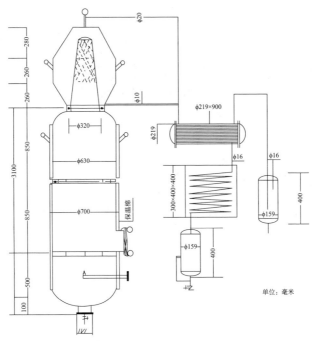

山苍子协同一体化制油工艺流程

产品，提高产品附加值，同时在新产品研发过程中寻求更节能、更经济环保的提取方法和纯化工艺。2018 年我国山苍子精油产业市场规模 5.9 亿元，相比 2017 年的 3.78 亿元增长了 56.1%。近几年我国山苍子精油平均价格整体呈现上涨态势，2018 年均价已上涨至 20.96 万元 / 吨，因此本技术具有广阔的市场前景。

**成果来源：**"工业原料林高效培育和增值加工技术集成与示范"项目

**联系单位：**湖南省林业科学院

**通信地址：**湖南省长沙市天心区韶山南路 658 号

**邮　　编：**410004

**联系人：**肖志红

**电　　话：**13975895181

更多信息参见 http://www.hnlky.cn/research.asp?pid=749

# 木本枝叶精油多段变压水蒸气蒸馏高效提取技术

## 技术目标

　　木本枝叶精油是重要的非木质林产资源之一，具有很高的开发利用价值，也是我国少数几个具有全球市场话语权的林特产品之一。目前，木本枝叶精油的提取多采用传统土法水蒸气蒸馏，存在劳动强度大、蒸馏效率低、精油提取率低等问题。本成果针对传统水蒸气蒸馏存在的问题，系统研究了木本枝叶精油的释放规律、枝叶预处理及蒸馏工艺对出油率的影响，创新地提出了多段变压水蒸气蒸馏技术，并在此基础上集成枝叶预碎解和气流式送料技术，获得了高效、高提取率及低劳动强度的木本枝叶精油提取关键技术。

## 主要特征与技术指标

　　根据木本枝叶精油的释放规律，通过研究枝叶预碎解、气流式送料和多段变压水蒸气蒸馏工艺对木本枝叶精油提取的影响，获得木本枝叶精油高效提取关键技术。蒸馏材料由传统的整株枝叶变成细小碎料，可缩短蒸馏时间的同时增加蒸馏釜装料量，实现生产效率的提升；枝叶经过预碎解后通过气流输送方式进料，可有效降低劳动强度、缩短装料时间、提高装料效率；在不同时间段通入不同压力的蒸汽，达到快速排空不凝性气体、快速预热釜体和原料、均衡精油馏出量、均衡冷凝和油水分离负荷，最终实现降低蒸汽能耗、提高精油提取率和生产效率。

　　该项目完成了木本枝叶精油提取生产线的工艺优化和规模化生产应用。以芳樟枝叶精油为例，与传统水蒸气蒸馏法对比，采用该技术成果后，劳动力用工数量减少一半，单次芳樟枝叶处理量提升了130%，生产耗时缩短了39%，芳樟枝叶精油提取率达到96.1%。

木本枝叶精油多段变压水蒸气蒸馏高效提取生产示范线及产品

## 社会经济效益和市场前景

　　该成果所获工艺具有提取率高、效率高、劳动强度低等优点。相关技术和工艺已在2家企业应用，建立了具有自动化程度高和精油提取率高的生产线，并实现了良好的经济效益。该成果为木本枝叶精油提取行业的技术提升提供了前期基础，具有良好的推广应用前景。

成果来源："人工林非木质林产资源高质化利用技术创新"项目

联系单位：江西农业大学

通信地址：江西省南昌市经济技术开发区方志敏大道1101号

邮　　编：330045

联 系 人：罗海

电　　话：13913994310

电子邮箱：luohai87@126.com

更多信息参见 http://www.jxau.edu.cn/20/list.htm

# 杜仲叶发酵茶加工技术

## 技术目标

杜仲叶为我国特有的药食同源重要资源，每年杜仲叶产量有上千万吨，资源非常丰富。杜仲叶主要被加工为杜仲茶，是目前杜仲食品中规模最大的一类，其产值占到杜仲食品产值的60%～70%，已产生了较显著的社会效益和经济效益。但杜仲茶加工工艺简单，产品单一，严重制约了杜仲叶资源高值化利用与产业化开发。本成果以杜仲叶为原料，采用现代化技术手段和加工工艺，通过对杜仲叶资源的精深加工，实现杜仲叶高值化利用。

## 主要特征与技术指标

以杜仲叶为原料，集成原料采收、萎凋、杀青、揉捻、烘干、发酵等工艺，研发出杜仲叶发酵茶。与传统叶茶相比，杜仲叶发酵茶茶汤橙红，入口醇厚顺滑，带回甘，活性成分含量较高，总黄酮含量70.52毫克/克。

## 社会经济效益和市场前景

杜仲叶已被列入食药物质目录，该项成果在鄢陵县杜仁康生物科技有限公司等企业进行了产业化开发，杜仲叶原料收购价由每千克3～5元提高到7～12元。通过杜仲叶资源高值化利用与产业化开发将增加杜仲产品附加值。

杜仲叶发酵茶生产线及产品

**成果来源：**"工业原料林高效培育和增值加工技术集成与示范"项目

**联系单位：**郑州轻工业大学，鄢陵县杜仁康生物科技有限公司

**通信地址：**河南省郑州市高新区科学大道 136 号

**邮　　编：**450001

**联 系 人：**纵伟

**电　　话：**13938228157

更多信息参见 http://www.zzuli.edu.cn/183/list.htm

# 杉木油高效提取及精深加工技术

## 技术目标

　　杉木为我国南方最重要的造林树种，每年产生的树叶及废弃物达数百万吨，资源尚未得到很好利用。杉木中富含杉木精油，其香气纯正、可贵、不可替代，需求量大。该技术以杉木油为研究对象，针对目前杉木油提取及深加工中存在的提取效率低、精深加工产品少、产品附加值低等问题，通过研究，突破了杉木油精油高效提取及精制分离、杉木精油组成结构及香气修饰、调香应用等关键技术，形成了"杉木油高效提取及精深加工集成技术"。该成果为杉木油等芳香油全产业链延长与完善、增值增效利用提供了有力的技术支撑。

## 主要特征与技术指标

　　（1）杉木油高效提取技术。集水中、水上、常压及加压的水蒸气蒸馏方式为一体，杉木油提取得率由原来的 0.7%，提高到目前的 1%；集水蒸气—干馏为一体，用于杉木油提取，此技术得率高，还可联产木醋液、焦油、木炭、可燃气，使原料全部转化成了产品。

　　（2）杉木油精深加工及应用技术。对杉木油进行真空精馏及结晶重结晶，通过各馏段的调配及化学组成结构及香气修饰，实现了标准化，创制出可直接用于调香的杉木精油新产品，并同时得到柏木醇、α-柏木烯、β-柏木烯等单离香料；杉木油系列香料应用于香精调配，利用其木香和动物香特征香气，赋予产品柔和温暖及情感的气息，制备香水应用产品 4 个，填补杉木精油在调香方面的空白。

### 社会经济效益和市场前景

在黄山市巨龙生物能源科技有限公司建设了年处理 1 万吨杉木屑原料的杉木油提取生产示范线，产能在原有基础上扩大了 1 倍以上，并配套 1 条生物质颗粒燃料生产线；调香级杉木精油价格由原来的 5 万元 / 吨，提高到 8 万元 / 吨；提油后的杉木屑生产的生物质颗粒燃料燃烧时无烟，不易结焦，每吨增值 200 元。通过新技术的实施，企业在原有基础上每年增收约 700 万元，取得了很好的社会经济效益及环境效益。

年处理 1 万吨杉木屑的杉木油提取生产示范线

**成果来源：**"人工林非木质资源全产业链增值增效技术集成与示范"项目

**联系单位：**南京林业大学

**通讯地址：**江苏省南京市玄武区龙蟠路 159 号

**邮　　编：**210037

**联 系 人：**朱凯

**电　　话：**13002590489

**电子邮箱：**zhukai53@163.com

更多信息参见 https://kjc.njfu.edu.cn/c2816/index.html

# 肉桂油高效提取与精深加工集成技术

## 技术目标

　　肉桂（*Cinnamomum cassia* Presl）是我国南方亚热带地区的主要经济林品种之一，其主产区为广西和广东。肉桂油主要由肉桂枝叶经水蒸气蒸馏得到。针对当前肉桂枝叶采收、贮运、加工产业链中关键节点普遍存在的原料品质不稳定、精深加工技术不完善等问题，本成果提供一种肉桂油高效提取与精深加工集成技术，通过肉桂枝叶的品质控制、肉桂油的高效提取与精制分离、苯甲醛绿色合成等技术集成与示范，实现增值增效，促进行业发展。

## 主要特征与技术指标

　　肉桂枝叶品质控制技术。通过跟踪树龄、生长环境、采收时节、贮存方式和时间，获得肉桂枝叶品质控制的关键技术要素。例如，15年树龄的肉桂枝叶精油含量较高；南坡优于北坡，疏植优于密植；采收月份宜在春季3月下旬至5月上旬，秋季9月下旬至11月上旬；肉桂枝叶采收后须经过15天左右的晾晒、干燥，然后才能收购和仓储。通过对不同产地肉桂枝叶的多指标统计分析，形成标准Q/GYXL 001—2019《用于

肉桂油提取生产示范线（产能100吨/年）

生产精油和提取物的肉桂枝叶》。

肉桂醛精制生产示范线（产能30吨/年）

肉桂油高效提取和精制分离技术。改造肉桂油生产示范线，通过在现有工艺中增加生物预处理等技术，肉桂油提取得率1.08%，相应提高8%；改造肉桂醛生产示范线，采用新型精馏技术，实现对肉桂醛的精制，肉桂醛含量为98.2%～98.6%。

开发苯甲醛绿色合成集成技术。改造苯甲醛生产示范线，采用复合碱液催化及

苯甲醛生产示范线（产能100吨/年）

洁净回收等技术，实现苯甲醛的绿色合成，苯甲醛含量为99.93%～99.97%。

### 社会经济效益和市场前景

在肉桂资源和精深加工主要区域的广西、福建等地得到应用。实施肉桂枝叶品质控制的肉桂枝叶原料售价由1000元/吨提高到1300～1400元/吨，给林农增加收入300万元/年（100吨/年生产线每年需1万吨肉桂枝叶）；实施精深加工技术升级改造，每年可给加工企业带来综合效益880万元。本成果适用于我国广东、广西、云南以及东南亚等肉桂主产区、肉桂油加工企业，具有较好的应用前景。

**成果来源:**"人工林非木质资源全产业链增值增效技术集成与示范"项目

**联系单位:** 中国林业科学研究院林产化学工业研究所

**通信地址:** 江苏省南京市玄武区锁金五村 16 号

**邮　　编:** 210042

**联 系 人:** 毕良武

**电　　话:** 025-85482534

**电子邮箱:** biliangwu@126.com

更多信息参见 http://www.icifp.cn/conn/list.aspx

# 红松籽油高效提取和高值化利用关键技术

## 技术目标

　　红松籽油是红松种子中所提取的一种天然健康的食用油，富含人体所需的多不饱和脂肪酸，其中皮诺敛酸为松籽油中特有的十八碳三烯酸。研究表明红松籽油中所含的皮诺敛酸占总脂肪酸的含量的 14% ~ 19%，显著高于其他品种松子油中皮诺敛酸的含量。皮诺敛酸具有降低体重、降低脂质积累、抗炎、抗肿瘤、抗氧化等多种功效，具有较好的食用保健价值。但是，因皮诺敛酸是高度不饱和脂肪酸，稳定性较差，常规提取加工及贮藏条件下容易氧化变质，影响其推广使用。

## 主要特征与技术指标

　　该成果集成了绿色水酶提取、β- 环糊精包合及低温沉降等技术，形成了红松籽油固体冲剂制备加工生产工艺，建成了年消耗 1 吨原料的红松籽油精深加工中试示范线 1 条，油脂

红松籽油精深加工中试生产线

得率为 61.79%，红松籽油固体冲剂生物利用度提高了 1.56 倍，产品中皮诺敛酸含量为 39 毫克 / 克，经第三方检测，产品各项理化特性均符合国家相关标准要求。

## 社会经济效益和市场前景

所研制的红松籽油固体冲剂产品经大兴安岭超越野生浆果开发有限责任公司和黑龙江宏泰松果有限公司试制，一致认为该产品可有效保留较红松籽油原有营养及保健活性成分，提高了红松籽油的水溶性、运输安全性等，并延长了保质期，两家企业拟正式引进该产品制备生产线，并在今后批量生产，投入市场，有望产生显著经济和社会效益。

**成果来源：**"人工林非木质林产资源高质化利用技术创新"项目

**联系单位：**东北林业大学，吉林省林业科学研究院

**通信地址：**黑龙江省哈尔滨市和兴路 26 号

**邮　　编：**150040

**联 系 人：**付玉杰

**电　　话：**18604608668

更多信息参见 https://kyy.nefu.edu.cn/kycg/cghj.htm

# 桐油基绿色生物质涂料制备技术

## 技术目标

随着人们环保意识的提高，如何开发更加安全环保、对人体无毒害作用的涂料新产品已成为涂料工业发展的焦点。桐油基木器环保涂料制备技术，加快了环保涂料产品的研发步伐，也将极大地推进油桐产业的可持续发展。该技术解决了传统桐油涂料干燥速度慢、干燥后漆膜易起皱褶、颜色深、气味大、久置易发臭、漆膜在使用过程中变色等问题。该技术极大地提高了桐油的附加值，解决了油桐产业下游"出口"问题，同时进一步促进了上游原料的生产，提高了农民和企业种植油桐、开展油桐造林的积极性。

## 主要特征与技术指标

以精制桐油为原料，通过尿素包合法合成热固性单体桐油不饱和脂肪酸甲酯，得到一种稀释性能优良的桐油活性稀释剂。活性稀释剂性能指标：贝壳松脂丁醇值（KB）为59，闪点190℃，沸点320℃，有机挥发物未检出。桐油不饱和脂肪酸甲酯是一种典型的热固性单体，可减少有机溶剂的应用，降低挥发性有机化合物（VOC）含量。利用精制桐油为主要成膜物质，桐油不饱和脂肪酸甲酯为稀释剂，在涂料配方中优选了高效环保的催干剂及防变色剂（抗氧化剂和紫外光吸收剂），根据不同应用场合的技术要求得到桐油基木器工业涂料（家具工厂用）和桐油木蜡油（家庭装修用）。桐油基木器工业涂料（家具工厂用），底漆具有良好的封闭性能，面漆具有良好的装饰性能，与油性聚酯木器涂料相比 VOC 含量低，突出了环保特色；与水性木器涂料相比，干燥速度快，实测桐油涂料表干时间 1 小时，实干时间 8 小时，远高于水性木器漆干燥时间，且装饰效果好。桐油木蜡油（家庭装修用），该产品分为底漆和面漆，环保及使用性能与德国进口木蜡油相当，干燥速度（表干 1 小时，实干 8 小时）明显快于进口木蜡油（表干 4 小时，实干 24 小时），相比市售德国进口木蜡油售价高达 200 元 / 升，桐油木蜡油价格优势明显。

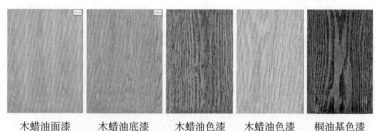

| 木蜡油面漆 | 木蜡油底漆 | 木蜡油色漆 | 木蜡油色漆 | 桐油基色漆 |

木蜡油底漆　　精制桐油　　木蜡油面漆　桐油活性稀释剂

桐油产品

### 社会经济效益和市场前景

应绿色、环保、安全的时代需求，涂料行业正在积极寻找转型升级的方向，如何开发更加安全环保、对人体无毒害作用的涂料新产品已成为涂料工业发展的焦点。目前嘉宝莉化工集团股份有限公司已经开始利用该技术进行家具漆的推广应用。产品性能优势明显，处于国际领先水平，可使桐油原料由40元/千克提升至200元/千克，极大地提高了桐油的附加值，具有广阔的应用前景。该技术适用于桐油基家居涂料行业环保涂料的生产。

成果来源："主要工业原料林高效培育与利用技术研究"项目

联系单位：中南林业科技大学

通信地址：湖南省长沙市韶山南路498号

邮　　编：410004

联 系 人：张琳

电　　话：13908468074

更多信息参见 https://kjc.csuft.edu.cn/kycg/cgjj/

# 可挠性环氧树脂制备技术

## 技术目标

双酚 A 环氧树脂因其良好的黏结性、机械强度、电绝缘性而广泛应用于国民经济各个领域，但因其性脆、耐冲击强度低等结构缺陷，难以满足工程技术日益严格的要求。传统的柔性基团改性环氧树脂，在一定程度上提高了环氧固化体系的韧性，但仍难于解决工程材料对超高断裂伸长率（80% 以上）的要求。为了解决环氧树脂固化体系断裂伸长率不高的共性问题，该项目开发了可挠性环氧树脂产业化制备技术，解决了通用型柔韧型环氧树脂断裂伸长率不高的共性问题。

## 主要特征与技术指标

以桐油为原料，经低压催化水解和酯交换反应，创制了以桐油为原料合成桐腈橡胶的技术路线，获得了桐腈橡胶新产品；经调整桐油酸、桐酸甲酯和丙烯腈的配比，开发了桐腈橡胶接枝双酚 A 环氧树脂改善环氧树脂脆性的方法，开发了桐油基可挠环氧树脂。

产品技术指标为：环氧值 0.16 当量 /100 克，黏度 15052 毫帕·秒（40℃），挥发份含量 1.15%。原料来源于天然油脂，可再生、对环境友好，具有碳中和、价格低廉等特点；分子结构自主设计与合成。

可挠性环氧树脂（Ⅰ型）

### 社会经济效益和市场前景

　　该产品具有优异的机械性能和超高的断裂伸长率，广泛应用于我国电子电气、制刷、汽车以及造纸工业。我国柔韧型环氧树脂用量约为 20 万吨 / 年，其中，橡胶改性环氧树脂占有率为 60%，约有 12 万吨 / 年的市场容量。油脂基可挠环氧树脂来源于天然油脂，原料稳定，价格低廉，供货不受季节影响，产品黏度不随时间增加而变化，具有代替羧基丁腈橡胶的结构基础，是 12 万吨 / 年市场容量最有力的竞争产品。目前，油脂基可挠环氧树脂产品已成功应用于无锡京瓷、成都拓利、南京惠鼎、泰州野泽等企业，效果良好，具备了进一步规模化的技术及市场基础。

**成果来源：**"工业原料林高效培育和增值加工技术集成与示范"项目

**联系单位：**中国林业科学研究院林产化学工业研究所

**通信地址：**江苏省南京市玄武区锁金五村 16 号

**邮　　编：**210042

**联 系 人：**聂小安

**电　　话：**13952003815

**电子邮箱：**niexiaoan@126.com

更多信息参见 http://www.icifp.cn/conn/list.aspx

# 桐油基环氧沥青固化剂创制技术

## 技术目标

热固性环氧沥青材料具有比普通沥青优异的物理、力学性能，如高强度、优良的抗疲劳性、良好的耐久性及抗老化性等。目前市场上无论进口还是国产的环氧沥青材料一般都需要高温固化和复杂的施工工艺才能形成较好的强度。热拌沥青混合料是最常见也是最传统的道路用材料，采用黏稠沥青作为结合料，沥青和骨料在搅拌前要加热到足够高的温度，不但会浪费大量能源，而且产生的废弃物会严重污染环境，对人体健康也有较大危害。室温固化环氧沥青材料不需要复杂的加热施工设备，通过自然条件固化形成高强度，有利于节能减排，属于对桐油高附加值的综合利用；解决了传统加热固化型环氧沥青路面材料施工条件苛刻、能耗高等问题。

## 主要特征与技术指标

该技术基于桐油分子结构的共轭双键特点，通过酯交换反应、加成聚合及酰胺化反应，创制兼具脂肪烃长碳链、氨基和极性酰胺等基团于一体的，具有独特分子结构的桐油基多元胺固化剂（胺值100～300毫克KOH/克）。可作为环氧沥青材料用固化剂使用，具有使用方便、室温和中温（60～100℃）固化、与环氧树脂的配比范围宽、超强柔性能等优点，用其制备的环氧沥青固化物具有优异的力学性能（拉伸强度＞3.0MPa，断裂伸长率＞100%），市场应用前景广阔，可促进桐油高值化产业的发展。

桐油　　　　　　　桐油基环氧沥青固化剂　　环氧沥青材料的超强柔韧性

桐油基环氧沥青固化剂创制与应用

## 社会经济效益和市场前景

国内潜在市场环氧沥青材料年需求量预计为 20 万吨，制备的常温固化型环氧沥青材料按取代高温固化型环氧沥青材料的 10% 计算，预计常温固化型环氧沥青材料的市场容量为 2 万吨/年。目前，桐油基环氧沥青固化剂产品性能已获得宁波天意高分子材料有限公司、安徽蒙达交通科技有限公司等企业的认可，效果良好，具备了进一步规模化生产的技术及市场基础。该成果对山区农村经济、环保经济的发展具有良好的推动作用。关键技术成果转化推广后，可带动桐油及下游产品产业链的发展，为农民就业、增收提供帮助。

**成果来源**："工业原料林高效培育和增值加工技术集成与示范"项目

**联系单位**：中国林业科学研究院林产化学工业研究所

**通信地址**：江苏省南京市玄武区锁金五村 16 号

**邮　　编**：210042

**联 系 人**：李梅

**电　　话**：025-85482453

更多信息参见 http://www.icifp.cn/conn/list.aspx

# 高纯木本油脂基表面活性剂 MES 粉剂制备技术

## 技术目标

纯度较高的 α- 脂肪酸甲酯磺酸钠（MES）粉剂产品的生产主要集中在美国和日本，国内 MES 产品多为高黏性、半固态产品，色泽较深，活性物组分含量仅为 70%，产品运输和使用困难。国内市场需求达 20 万吨 / 年，市场缺口巨大。

## 主要特征与技术指标

将市售活性物含量 70% 左右的木本油脂基表面活性剂 MES，通过加热熔融、分散、溶解、萃取、冷冻结晶、吸附、制粒、团聚等过程强化手段，分散在一种自主研发、可循环使用的水性抗乳脱水分散剂中，通过技术集成，提高 MES 产品纯度、改善 MES 产品色泽、改变 MES 产品形态，一步实现 MES 产品的高纯化和粉剂化。技术简单高效、温和可靠，无废弃物排放，不涉及危险化学品使用；高纯 MES 产品填补了国内空白，拥有自主知识产权，达到国际先进水平。

高纯木本油脂基表面活性剂 MES 粉剂产品外观为 12 ～ 20 目白色粉末；总活性物含量 ≥（93±2）%，石油醚可溶物（按 100% 活性物折算）≤ 4%，二钠盐（按 100% 活性物折算）≤ 5%，pH 值（25℃，1% a.m）为 4.5 ～ 10.0，色泽（Hazen）[ 5% a.m（1+1, 乙醇水溶液）] ≤ 200。

高纯 MES 粉剂产品

500 吨／年高纯 MES 中试示范线

### 社会经济效益和市场前景

高纯木本油脂基表面活性剂 MES 粉剂产品制备技术不仅解决了目前国内市场 MES 产品含量低和流动性差所带来的工业化普及应用困难的问题，而且对提升我国洗涤剂行业产品质量和档次具有重要的意义，为同类阴离子表面活性剂产品的高纯化和粉剂化提供参考。

现已建立 500 吨／年高纯 MES 表面活性剂中试示范线 1 条，生产和销售产品 90 吨，销售额 120 万元。

成果来源："人工林非木质林产资源高质化利用技术创新"项目
联系单位：常州大学
通信地址：江苏省常州市武进区滆湖中路 21 号
邮　　编：213164
联系人：宋国强
电　　话：13584304777
电子邮箱：sgq@cczu.edu.cn

# 二元脂肪酸酯类润滑油制备技术

## 技术目标

合成酯类润滑油是高端工业设备和军用装备必备的润滑油之一，其原料中间体 $C_{10}$ 以下一元酸和二元酸制备的关键技术被少数发达国家掌握，我国几乎全部依赖进口。打破国外技术垄断，实现国产化，成为迫切需要解决的问题。

## 主要特征与技术指标

以橡胶籽油、山苍子油、皂角油、椰子油、山杏油、山桃油、蒙古扁桃油等木本油脂为原料，采用水解、二氧化碳结晶分离、油酸臭氧化、α- 氢功能修饰、稀土镧铈复合钼盐高效催化裂解生产 $C_{10}$ 以下二元酸及一元酸、稀土 / 钛酸四丁酯复合催化酯化等产业化技术和工艺，制备二元脂肪酸酯类润滑油。解决了高端设备及武器装备用酯类合成润滑油依赖进口的问题，填补国内空白，技术赶超国际先进水平。

二元脂肪酸酯类润滑油运动黏度（100℃）为 8.7 毫米 $^2$/秒，倾点为 -52℃，闪点为 227℃。

二元脂肪酸酯类润滑油

二元脂肪酸酯类润滑剂中试示范线

## 社会经济效益和市场前景

该项目开发的二元脂肪酸酯类润滑油产品技术成熟、安全可靠，可替代进口产品。在装甲车辆润滑油上得到了应用，列入了装备生产厂型号配套油料合格供方目录，用于履带式、轮式装甲装备装车，并逐步覆盖舰船等装备。按市场估算，需求量在 30 万吨／年以上，润滑剂产品市场价为 35000 ～ 45000 元／吨，该成果产品成本价为14000 ～ 16000 元／吨。在包头建立 5000 吨／年中试生产线，年销售额达 2 亿元，年利润约 6000 万元。该技术发挥了木本油脂资源的最大优势，开辟了新型绿色高端润滑油产业，促进我国生物质优质产业化的高效、健康、快速与可持续发展。

**成果来源**："人工林非木质林产资源高质化利用技术创新"项目
**联系单位**：北京雷恩新材料科技有限公司
**通信地址**：北京市采育经开区政中路 3 号
**邮　　编**：102606
**联系人**：颉二旺
**电　　话**：13911036656
**电子邮箱**：jierwang118@sina.com

# 松脂节水减排绿色加工关键技术

## 技术目标

　　松脂加工企业生产 1 吨松香耗水量在 3.0 吨以下即可达到先进企业节水标准，大量的含油废水极大地增加了企业的环境处理成本。近年来，随着国家对环保要求的日益提高以及人力成本的快速增加，许多松脂加工企业因为污水排放量大、生产成本日益高昂而被迫关停，对我国松脂行业的发展十分不利，低水耗、低损耗松脂加工新工艺的开发和应用日益迫切。针对上述问题，开发出松脂节水输送工艺、松脂节水溶解工艺、溶解脂液节水净化工艺、废渣及中层脂液中松脂的节水回收工艺以及净制脂液节水蒸馏工艺，突破了制约松脂加工的技术瓶颈，实现了松脂节水减排绿色加工，将促进我国松脂加工的健康快速发展。

## 主要特征与技术指标

　　该成果通过松脂节水输送工艺、松脂节水溶解工艺、溶解脂液节水净化工艺、废渣及中层脂液中松脂的节水回收工艺以及净制脂液节水蒸馏工艺的开发及技术集成，开发出松脂节水减排绿色加工关键技术，有效降低了松脂加工的耗水量，显著减少了松脂加工过程中的原料损耗，使松脂加工耗水量较现有优质生产企业降低 30%以上，加工过程中的松脂损耗减少近 90%。

　　（1）松脂节水输送工艺，设计制备了松脂加工专用的松脂输送泵，实现了在无外加水条件下，将高黏度松脂高效输送到生产车间。

（2）松脂节水溶解工艺，松脂溶解过程引入适量溶解油，通过对溶解脂液含油率、搅拌转速、溶解温度等因素的综合优化及调控，并通入少量加热及搅拌所需蒸汽，降低了松脂溶解过程中的耗水量。

（3）松脂连续溶解及过滤工艺，可以去除松脂中的绝大多数机械杂质，实现松脂的节水除杂。

（4）以中质松节油淋洗松脂溶解废渣回收高沸点的松香，继而通过蒸汽喷蒸技术回收废渣表面的松节油，同时以中质松节油溶解中层脂液中的固态成分溶解，并通过离心分离技术将油、水相充分分离，实现废渣及中层脂液中松脂的节水回收。

（5）开发出净制脂液负压蒸馏技术，降低净制脂液的蒸馏温度、减少蒸馏工艺所需时间，从而减少水蒸气用量，有效降低了净制脂液蒸馏过程中的耗水量。

松脂节水减排绿色加工生产线

**社会经济效益和市场前景**

松脂中松香松节油产品的总含量大约在30%，按照1.1万吨/年示范线生产规模，采用松脂节水减排绿色加工关键技术每年可节约生产用水4000吨，减少松脂损失390吨，增加生产收益580万元以上。全国每年生产松香达40多万吨，该成果推广后每年可为松脂加工行业增加收益 2.32 亿元以上。

**成果来源：** "人工林非木质林产资源高质化利用技术创新"项目
**联系单位：** 中国林业科学研究院林产化学工业研究所
**通信地址：** 江苏省南京市玄武区锁金 5 村 16 号
**邮　　编：** 210042
**联 系 人：** 陈玉湘
**电　　话：** 13515114873
**电子邮箱：** cyxlhs@126.com

更多信息参见 http://www.icifp.cn/conn/list.aspx

# 阻燃型松香基多元醇及聚氨酯泡沫保温材料制备技术

## 技术目标

聚氨酯材料具有优良的物理机械性能、声学性能和耐化学性能，是世界六大合成材料之一。聚氨酯泡沫占聚氨酯总产量的40%左右，是目前国际上性能最好的有机保温材料。未经阻燃处理的聚氨酯泡沫材料是可燃物，燃烧时产生大量有毒烟雾，不仅给灭火带来困难，还会影响到人们的身体健康和生命安全。因此对于聚氨酯泡沫的耐热性、阻燃型、无毒性的要求越来越高。本技术突破松香三环菲骨架结构中不同阻燃基团的可控引入及刚性基团耦合等关键技术，提高松香基材料的极限氧指数和阻燃性能，并同时解决松香基高分子材料的脆性大，耐冲击强度差等问题；开展松香基结构型阻燃聚酯多元醇的制备产业化关键技术集成，创制松香高分子阻燃材料新产品，形成松香基阻燃型高分子材料集成与示范，拓宽松香资源的增值利用新途径。

## 主要特征与技术指标

该技术以松脂资源为原料，通过化学改性在其结构上引入氮、磷、硅等阻燃基团制备结构阻燃型多元醇；技术制备方法简便，制备的多元醇结构中含有可调控的极性和非极性基团，和市售聚酯、聚醚多元醇、环戊烷发泡剂混溶性较好，不分层；制备的聚氨酯材料泡沫细腻，闭孔率高。

结构阻燃型松香基多元醇为黄色到棕红色液体，黏度2000～10000毫帕·秒（25℃），羟值150～400毫克/克，酸值≤3.0毫克/克，水分≤1.0%，羟基官能度2～4个，具有优良的阻燃性、耐水性、机械性能及生物可降解性，制备的复合阻燃型聚氨酯泡沫阻燃性能达到GB/T 8624—2012《建筑材料及制品燃烧性能分级》B1级要求。

 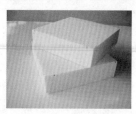

阻燃型松香基多元醇产品　阻燃型松香基聚氨酯保温材料

## 社会经济效益和市场前景

目前生产聚氨酯材料的原料均是毒性和腐蚀性较强的石油化工产品，随着石化资源的大量使用引起的资源与环境问题日益严重，具有良好保温性能的生物质基聚氨酯泡沫将具有广泛的市场前景。该技术制备工艺简单，成本低，制备的聚氨酯泡沫具有燃烧时制品不滴液，保持形状，烟密度小等优点，能用于煤矿、外墙保温等不同的阻燃用途。该技术对节能减排措施的实施、循环经济的发展均具有重要的现实意义。

**成果来源：**"人工林非木质资源全产业链增值增效技术集成与示范"项目

**联系单位：**中国林业科学研究院林产化学工业研究所

**通信地址：**江苏省南京市玄武区锁金5村16号

**邮　　编：**210042

**联 系 人：**张猛

**电　　话：**025-85482412

**电子邮箱：**zhangmeng@icifp.cn

更多信息参见 http://www.icifp.cn/conn/list.aspx

# 高硬度松节油基光固化水性
# 聚氨酯制备技术

## 技术目标

　　松节油是我国特色林产品之一，也是我国产量最大的天然化学品之一。目前我国松节油主要用于生产樟脑、冰片、松油醇、莰烯、异松油烯、萜烯树脂等化学品，在制备水性聚氨酯领域的研究和利用则鲜有报道，而商品化产品则更少。开发的高硬度松节油基光固化树脂可显著提高涂层的硬度和光泽度，可在高端涂料、胶黏剂等领域得到广泛应用。目前我国高性能光固化树脂主要依赖进口，国内产品的性能无法满足市场需求，该技术旨在突破松脂资源的绿色加工及高效利用关键技术瓶颈，有助于提高松脂资源利用率、增加精深加工产品数量及产品附加值，显著提升我国人工林非木质资源松脂精深加工利用技术水平，推动我国早日成为松脂深加工利用的技术强国。

松节油基光固化水性聚氨酯

### 主要特征与技术指标

该成果以松节油为原料，利用活性基团耦合技术，将丙烯酸酯结构引入到松节油结构中，合成了丙烯酸异冰片酯（IBOA）和甲基丙烯酸异冰片酯（IBOMA）两种松节油基可聚合单体；通过乳液聚合技术及光引发聚合技术进一步合成了松节油基光固化水性聚氨酯，并建立了年产量 20 吨的高硬度松节油基光固化水性聚氨酯中试示范线。突破了松脂资源绿色加工及高效利用关键技术瓶颈，为松脂资源的增值增效利用奠定了基础。

利用松节油活性基团耦合关键技术、高位阻松节油基水性聚氨酯乳液聚合技术及光固化聚合技术的有机结合是该成果的创新点。与市售水性聚氨酯材料相比，该技术生产的松节油基水性聚氨酯固含量可达到 43%。与普通水性聚氨酯相比，该成果开发的水性聚氨酯漆膜的硬度可达到 2H，光泽度（60°）可达到 93。

松节油基光固化水性聚氨酯加工示范线（产能 20 吨 / 年）

### 社会经济效益和市场前景

改造建成了产能 20 吨 / 年的松节油基光固化水性聚氨酯加工示范线 1 条。每吨高硬度松节油基光固化水性聚氨酯的生产成本 19054.2 元，目前市场上销售的光固化水性聚氨酯价格为 25000 ～

30000 元 / 吨。按照 28000 元 / 吨的价格销售，每吨松节油基光固化水性聚氨酯毛利润为 8945.8 元。产能 20 吨 / 年，可实现年利润 17.90 万元。该成果通过产学研结合，实现了产品的工业化生产，产品质量稳定，在相关行业具有良好的应用效果，市场推广前景广阔。

**成果来源**："人工林非木质林产资源高质化利用技术创新"项目

**联系单位**：南京林业大学

**通信地址**：江苏省南京市龙蟠路 159 号

**邮　　编**：210042

**联 系 人**：徐徐

**电　　话**：15996277436

**电子邮箱**：xuxu200121@163.com

更多信息参见 https://kjc.njfu.edu.cn/c2816/index.html

# 松节油基聚酰胺高分子阻燃树脂制备技术

## 技术目标

目前，松节油在制备聚酰胺领域的研究和利用鲜有报道。由松节油合成的 N- 异冰片基丙烯酰胺单体作为聚酰胺改性剂具有优越的性能，其结构含有五元环和六元环组成的双环仲碳饱和基团，可显著提高材料的外观和光泽，使涂膜具有高硬度、高耐醇性、高耐热性和耐水性能。引入阻燃单体（比如有机硅）往往会降低聚酰胺材料的机械性能，使用松节油结构中的刚性环与柔性链段结合，材料既增加了机械性能，又提升了阻燃性。该成果针对现有聚酰胺阻燃材料存在硬度低、耐磨性差、耐水性不足等问题，集成了松节油刚性基团耦合技术、阻燃基团可控引进技术及自由基高效聚合技术，将松节油基优异的刚性结构与聚酰胺进行耦合，开发了松节油基聚酰胺高分子阻燃树脂新产品。

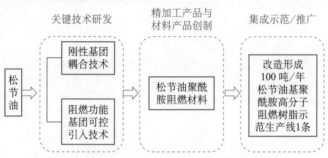

松节油基聚酰胺高分子阻燃树脂制备关键技术开发

## 主要特征与技术指标

该项目开创性地提出松节油刚性基团耦合技术、阻燃基团可控引进技术及自由基高效聚合技术，突破了松节油基聚酰胺高分子阻燃树脂制备关键技术，创制了松节油基聚酰胺高分子阻燃树脂材料精深加工产品。与市售聚酰胺材料相比，该技术生产的松节油基聚酰胺高分子阻燃树脂硬度可达到 3H；与普通聚酰胺材料相比，该成果开发的阻燃树脂氧指数可达到 26.2%。进一步提高了松节油深加工产品的附加值，达到了国际先进水平。

## 社会经济效益和市场前景

目前，松节油基聚酰胺高分子阻燃树脂合计成本约 25000 元 / 吨，而市场上销售的阻燃型聚酰胺价格在 31000 ~ 32000 元 / 吨，市场利润率约 25%。该成果可实现松节油制备聚酰胺高分子阻燃树脂的开发利用，为松脂资源的增值增效利用提供基础。目前，已建设示范生产线 1 条。

**成果来源**："人工林非木质资源全产业链增值增效技术集成与示范"项目
**联系单位**：南京林业大学
**通信地址**：江苏省南京市龙蟠路 159 号
**邮　　编**：210042
**联系人**：徐徐
**电　　话**：15996277436
**电子邮箱**：xuxu200121@163.com
更多信息参见 https://kjc.njfu.edu.cn/c2816/index.html

# 第十一章 植物多酚和多糖资源高效利用新技术

## 余甘子多酚稳态化保护技术及多酚功能材料开发

### 技术目标

余甘子果实作为药食兼用的水果已有悠久的历史。余甘子在中国分布面积广、产量大，资源十分丰富，是我国重要的经济林。目前对余甘子产品的加工多停留在初级加工状态，产品附加值很低，且在加工过程中长时间受热使其功效成分被破坏，贮藏过程中功能饮料易氧化、沉淀，含片及果粉易吸湿等问题，极大制约了余甘子产业发展，造成很大的资源浪费和经济损失。该成果针对余甘子产品氧化褐变、易吸湿、产品附加值低等问题，通过对多酚的富集、稳态化保护，在余甘子功能食品加工及材料应用方面提供了新技术、新工艺，从而实现余甘子多酚的高值化利用。

### 主要特征与技术指标

通过引入高温蒸汽瞬时钝酶预处理技术，降低了易引起余甘子果汁褐变的酶活性；通过低温压榨、薄膜闪蒸快速浓缩、喷雾干燥和微胶囊等制备技术，集成余甘子多酚稳态化保护技术。余甘子稳态化保护技术用于高活性余甘子精粉的开发，其产品的抗氧化能力指数（ORAC）从 $800 \sim 1500$ 微摩 Trolo 当量 / 克提高至 3000 微摩 Trolo 当量 / 克以上，铅 $\leqslant 1.0$ 毫克 / 千克，总砷 $\leqslant 0.5$ 毫克 / 千克，铜 $\leqslant 10$ 毫克 / 千克，菌落总数 $\leqslant 1000CFU/$ 克；将多酚作为微纳化粒子的普适性分子黏合剂，构建多级尺度的功能性材料。产品抗氧化能力的提高为植物多酚功能性食品和材料的开发奠定了基础，提高了余甘子多酚的附加值。

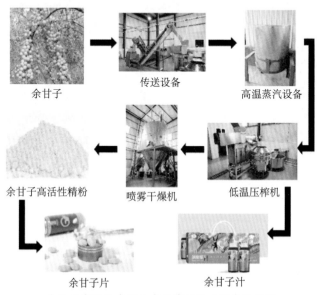

余甘子高活性中间体中试装置及功能食品开发

### 社会经济效益和市场前景

利用高活性植物多酚开发了功能饮料、微纳化组装材料等，扩展了植物多酚在食品、医药和电子等领域的应用。与云南天启生物科技有限公司合作，改建形成产能 500 千克/年余甘子高活性中间体及新产品中试装置 1 套，研制了余甘子高活性精粉、余甘子饮料等系列产品。该成果工艺路线简单，操作过程容易控制，可推广用于富含多酚物质的浆果类资源，具有广阔的应用前景，对推动山区农林植物资源开发、提高农民收入水平具有重要的意义，实现林业非木质资源综合利用。

**成果来源**："人工林非木质林产资源高质化利用技术创新"项目

**联系单位**：中国林业科学研究院资源昆虫研究所

**通信地址**：昆明市盘龙区白龙寺资源昆虫研究所

**邮　　编**：650233

**联 系 人**：张弘

**电　　话**：0871-63860021

**电子邮箱**：kmzhhong@163.com

更多信息参见 http://www.riricaf.ac.cn/weboutpage/tecResult.html

# 桉叶多酚全程稳态化保护技术、功效评价及新产品开发

## 技术目标

桉树是我国种植面积最广、采伐量最大的人工林之一，然而砍伐的桉叶资源大部分得不到充分利用，导致大量的桉叶废弃物的产生。焚烧废弃的桉叶造成了社会资源的浪费和环境的污染，因此，提高桉叶资源利用率对加快桉树产业升级和促进社会经济发展都有十分重要的意义。针对制约桉叶多酚利用的技术瓶颈，以全程稳态化保护技术、功效作用及作用机制为突破口，重点针对桉叶多酚高效提取、纯化及精细加工等关键技术，开展系列产品及创新产品研究与开发，同时加强桉叶多酚产品标准体系研究，最终实现桉叶多酚增效利用。

## 主要特征与技术指标

桉叶多酚全程稳态化保护技术的核心是拥有自主知识产权的低温连续相变提取技术，该技术利用乙醇在全封闭、低压力的萃取装置中，气液两相之间的连续变化相对低温地提取，避免提取、浓缩过程中反复过滤、浓缩及长时间加工导致活性多酚过度失活。相比于其他提取设备，低温连续相变提取设备具有连续操作、高效率、低成本、设备体积小、能耗低等特点。

该成果建成产能 500 千克 / 年桉叶多酚功能制品中试示范线 1

条，桉叶提取物总多酚含量≥25%，汞≤1毫克/克，铅≤40毫克/克，砷≤10毫克/克，菌落总数≤1000CFU/克；产品深加工率提高20%，产品增值200%以上；形成活性成分多酚连续相变萃取和结构稳态化保护关键技术2项。完成桉叶多酚"原料—中间体—产品"的开发，实现其"实验室小试—中试生产线—扩大生产"的转化，建立了桉叶多酚质量评价体系并形成企业标准。

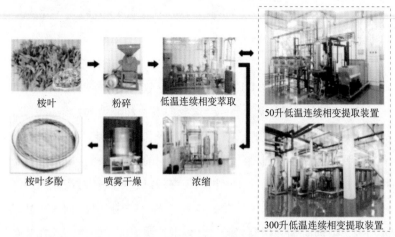

桉叶多酚中试生产线

## 社会经济效益和市场前景

桉叶多酚低温连续相变萃取技术可广泛应用于植物提取物的制备，可用于植物提取物行业及下游饲料添加剂、化妆品、保健食品和医药行业。据不完全统计，我国桉树叶年产量500万吨左右，按年处理0.1%桉树叶计，年消耗鲜桉叶5000吨，生产桉叶多酚400吨，其市场价格约为5万元/吨，每年产值可达2000万元，设备成本500万～600万/套，原料成本750万元/年，溶剂损耗、人工、水电、折旧等约650万元/年，年带动农民收入达600万元/年。我国人工种植桉树林面积约 500 万公顷，桉叶多酚高效萃取和利用技术的运用对桉树资源高值化利用具有明显的社会效益。桉叶多酚产品的开发无论是在保健品、化妆品、饲料添加剂领域都具有其他多酚产品无法比拟的成本、产量与品质的优势，该市场领域需求较大，具有广阔的应用前景。

| | |
|---|---|
| **成果来源:** "人工林非木质林产资源高质化利用技术创新"项目 | |
| **联系单位:** 华南农业大学 | |
| **通信地址:** 广东省广州市天河区五山街五山路 483 号 | |
| **邮　　编:** 510642 | |
| **联 系 人:** 曹庸 | |
| **电　　话:** 15915862181 | |
| **电子邮箱:** caoyong2181@scau.edu.cn | |

# 单宁酸负载关键技术

## 技术目标

针对五倍子等植物单宁开发深度不足、产品精细化程度欠缺、产品附加值低等问题，重点突破单宁氢键/疏水键负载、共价键接枝固定化等关键技术，创制了单宁基鲜果抑菌保鲜剂、稀散金属离子富集型固定化单宁、重金属离子吸附型固定化单宁、非均相啤酒澄清剂固定化单宁、化妆品用功能性改性单宁、高纯度活性单宁标准品等系列新型功能性固化单宁及其衍生物精细化学品。

## 主要特征与技术指标

基于单宁酸负载技术创制了以下系列单宁基精细化学品。

（1）单宁基鲜果抑菌保鲜剂。以载单宁酸壳聚糖多孔微球作为聚合物膜气体通路"开关"，通过控制单宁酸在多孔微球上的负载量和载单宁酸壳聚糖多孔微球在紫胶基质中的添加量即可调控保鲜膜的 $H_2O$、$CO_2$、$O_2$ 渗透性和 $CO_2/O_2$ 选择性，所制单宁基鲜果抑菌保鲜剂满足了可接触式和不可接触式水果的保鲜需求。

（2）单宁金属富集剂。创制的稀散金属离子富集型固定化单宁对水体中的 Ge（Ⅳ）最大吸附量为 1.77 克/100 克。创制的重金属离子吸附型固定化单宁对水溶液中 Cr（Ⅵ）的吸附量达到 150 毫克/克。

（3）啤酒澄清剂。利用微波聚合技术，以五倍子单宁、索拉胶为原料制备了一种非均相啤酒澄清剂固定化单宁，可吸附啤酒中的杂质蛋白、β-乳球蛋白，吸附率最高可达95.7%。

（4）高纯度鞣花酸。以液气射流技术与溶剂洗涤法相结合，将鞣花酸的生产效率提高300%，并将鞣花酸纯度从90%提高至98%。创制的鞣花酸基抑菌除臭化妆品中鞣花酸质量浓度达到0.5%以上，溶解度提高约500倍且稳定性良好。

## 社会经济效益和市场前景

该技术适用于五倍子及下游产品加工企业，大型有色金属冶炼企业、水果保鲜、医疗以及日用化妆品等领域。目前，已建设中试示范生产线2条，实现成果转化1项。所创制的用于稀散金属富集的单宁酸复配液在云南驰宏锌锗科技股份公司的单宁沉锗中得到应用。因鞣花酸纯度提高，其销售价格由260元/千克提高到2000元/千克。目前市场上兽用鞣酸蛋白价格10元/千克计算，每年可为企业带来100万元的收入。我国每年水果的采后损耗率为15%～20%，而发达国家则不足5%，采用以载单宁酸壳聚糖多孔微球为气体"开关"的聚合物膜气体渗透性调控技术后，若使我国水果采后损耗率降低1%，按每吨水果5000元计算（以柑橘计），那么我国水果产值可增加137亿元。

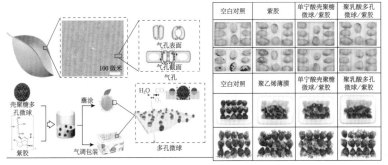

以载单宁酸壳聚糖多孔微球为气体"开关"的聚合物膜气体渗透性调控技术

**成果来源**："人工林非木质资源全产业链增值增效技术集成与示范"项目

**联系单位**：中国林业科学研究院资源昆虫研究所

**通信地址**：云南省昆明市盘龙区白龙寺资源昆虫研究所

**邮　　编**：650233

**联 系 人**：张弘

**电　　话**：0871-63860021

**电子邮箱**：kmzhhong@163.com

更多信息参见 http://www.riricaf.ac.cn/weboutpage/tecResult.html

# 精制生漆功能型涂料及生漆基木蜡油调制关键技术

## 技术目标

我国是涂料生产消费大国，由于化工合成涂料是以石油为原料，含有大量的有机溶剂，给能源和环境带来了巨大的负担，也造成了巨大的能源浪费。为实现碳中和、碳达峰排放目标，克服涂料对石油的过度依赖，实现社会经济绿色健康发展，对来源于漆树的天然生漆进行精制加工调制就具有重要的战略意义。传统的生漆深加工技术落后，存在致敏、成膜速度慢、颜色深且单一的缺点，产业规模小，缺乏相关产品的开发、技术规范及质量标准体系，严重限制了生漆产业的高值化发展。针对这些突出问题，本成果通过化学改性和物理复合等技术手段创制生漆精制加工利用新技术，集成功能性生漆涂料精制加工技术工艺流程，开发高品质改性生漆功能性涂料，建立高品质精制生漆加工示范生产线，解决精制生漆生产力低下、成本过高、质量不稳定的问题；拓展在日化、建材、防腐等行业的应用，从而促进生漆产业的健康快速发展。

## 主要特征与技术指标

该技术以天然生漆为原料，采用复杂体系活化、氧化聚合、漆酚提取和涂料调制技术，开发精制生漆功能性涂料及生漆基木蜡油，解决了生漆致敏、成膜干燥速度慢和色深的缺点，克服了化学涂料含有害溶剂、耐候性差等不足。

主要性能指标为：表干时间（15～35℃，相对湿度 80%～85%）≤0.5 小时，实干时间（15～35℃，相对湿度 80%～85%）≤24 小时，摆杆硬度≥0.65，冲击强度≥50 千克 / 厘米，柔韧性≥1 毫米，附着力≥1 级；产品效益增加 50%，节能 16.3%，生漆原料利用率提高 37.8%。

精制生漆　　古建筑修造精制　古建筑修造　古建筑修造　古建筑修造
　　　　　　生漆底漆样品　精制生漆底漆　精制生漆涂料　精制生漆涂料
　　　　　　　　　　　　　成膜效果　　　面漆样品　　　成膜效果

有机钛漆酚重防腐　　有机钛漆酚重防腐
涂料面漆样品　　　　涂料面漆成膜效果

生漆涂料产品

## 社会经济效益和市场前景

在湖北恩施土家族苗族自治州利川市建立了一条生漆涂料调制示范生产线，年产能 500 吨各类精制生漆涂料。开发生产了工业防腐涂料、建筑用涂料和木器生漆涂料等系列产品，产品绿色环保、生态节能、再生循环、性能优良，广泛运用于工业防腐、食品酿造、古建修造、家具涂装、电子封装等领域。目前已进入上海、江苏、湖北等地市场。与传统工艺相比，产品平均增值 18.3 元 / 千克。在加强市场营销推广的前提下，预计未来 5 年将形成 3000 吨的市场需求，年产值将达到 7.5 亿元，减少石油消耗约 2.3 万吨，减少挥发性有机物（VOC）排放 1500 吨，经济和社会效益十分明显，在绿色环保涂料等领域应用前景广阔。

| | |
|---|---|
| **成果来源：** | "工业原料林高效培育和增值加工技术集成与示范"项目 |
| **联系单位：** | 中国林业科学研究院林产化学工业研究所，利川市德隆生漆科技有限责任公司 |
| **通信地址：** | 江苏省南京市玄武区锁金五村 16 号 |
| **邮　　编：** | 210042 |
| **联系人：** | 王成章 |
| **电　　话：** | 13951945535 |
| 更多信息参见 http://www.icifp.cn/conn/list.aspx | |

# 皂荚多糖高效分离及改性利用关键技术

## 技术目标

　　皂荚是理想的生态经济型树种，我国皂荚自然分布地域广泛，目前皂荚人工林种植面积达到 40 万亩，皂荚盛果期亩产皂荚皂果 2500 ～ 3000 千克，亩产皂刺 40 ～ 50 千克，每亩地农民年可增收 2000 元以上。皂荚荚果中种子含有 38% 多糖，皂荚果皮含有约 26% 皂荚皂苷，皂荚皂苷是天然表面活性剂。针对目前皂荚资源利用现状，该成果重点开发了皂荚多糖高效分离技术、皂荚多糖微水固相改性技术和皂荚资源综合利用技术等，对于提高皂荚特色资源利用技术水平具有重要意义。

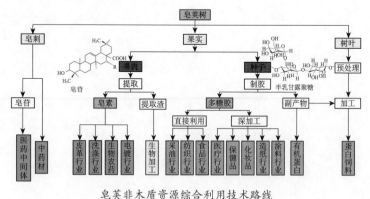

皂荚非木质资源综合利用技术路线

## 主要特征与技术指标

### 1. 皂荚多糖高效分离技术

皂荚种子多糖预处理及同步分离技术，采用燃气旋转炒炉进行皂荚种子多糖预处理，选用一级、二级、三级研磨机选择性破碎种皮。技术特点如下。

（1）皂荚多糖分离过程不使用化学试剂，多糖生产属于绿色过程。

（2）皂荚多糖分离过程中不消耗水，生产过程无废水排放，多糖得率及固体得率高。

（3）预处理可以改变种皮、胚乳和胚三部分之间的结合力，根据三者的机械强度差异实现皂荚多糖高效分离，胚乳多糖提取率90% 以上。

### 2. 皂荚多糖微水固相改性技术

将皂荚多糖胶片在含有改性试剂水溶液中水合，再经过挤压、干燥、制粉工艺，获得皂荚多糖胶改性产品，使皂荚多糖胶改性产品的附加值得到大幅度提升。技术特点如下。

（1）微水吸胀后的皂荚多糖胶片经压延破壁和挤压质构处理后，物料比表面积大幅度增加，可解决溶剂法或干法反应试剂与物料接触面小、渗透慢等问题，提高了反应效率。

（2）采用微水固相法改性工艺，有效规避了皂荚多糖胶水溶液低浓度、高黏度影响反应效率的缺陷，能量消耗低。

（3）多糖胶研磨粉碎耦合气流分级，可以获得粒径相对均匀的产品，同时可以降低多糖胶研磨粉碎的电能消耗。

## 社会经济效益和市场前景

已建成产能 1800 吨 / 年木本种子预处理与胚乳同步分离中试线

和 1000 吨／年微水固相法植物多糖胶改性中试线，开发出皂荚米、皂荚半乳甘露聚糖、皂荚低聚糖、日化用羟丙基皂荚多糖胶等相关产品。皂荚多糖及改性产品可应用于食品、保健食品、医药、日化、造纸、纺织、石油和天然气开采等领域。我国多糖胶年进口量 30 万吨，每年使用合成表面活性剂 500 万吨。皂荚全产业链开发可满足我国对高质量多糖胶的需求，皂荚皂苷可部分替代合成表面活性剂，属于绿色产业，皂荚非木质资源高值化利用兼具生态价值、经济效益。

皂荚多糖微水固相改性中试生产线

**成果来源**："人工林非木质林产资源高质化利用技术创新"项目

**联系单位**：北京林业大学

**通信地址**：北京市清华东路 35 号林业大学 25 信箱

**邮　　编**：100083

**联系人**：蒋建新

**电　　话**：13718683180

**电子邮箱**：13718683180@163.com

更多信息参见 http://kyc.bjfu.edu.cn/cgzh/index.html